图解芯片制造技术

TUJIE XINPIAN ZHIZAO JISHU

吴元庆 刘春梅 王洋 编著

·北京·

内容简介

芯片是近年来备受关注的高科技产品，在电子、航空航天、机械、船舶、仪表等领域发挥着不可替代的作用。本书围绕芯片制造技术展开，从单晶硅晶体的拉制讲起，介绍了多种硅晶体的沉积和拉制、切割技术，着重介绍了光刻技术和光刻设备，并简要介绍了集成电路封装技术。

本书适宜对芯片技术感兴趣的读者参考。

图书在版编目（CIP）数据

图解芯片制造技术 / 吴元庆，刘春梅，王洋编著.—北京：化学工业出版社，2023.10
（科技前沿探秘丛书）
ISBN 978-7-122-43803-4

Ⅰ.①图… Ⅱ.①吴… ②刘… ③王… Ⅲ.①芯片-生产工艺-图解 Ⅳ.①TN430.5-64

中国国家版本馆CIP数据核字（2023）第132400号

责任编辑：邢 涛　　文字编辑：袁 宁
责任校对：王鹏飞　　装帧设计：韩 飞

出版发行：化学工业出版社（北京市东城区青年湖南街13号 邮政编码100011）
印　　刷：北京云浩印刷有限责任公司
装　　订：三河市振勇印装有限公司
880mm×1230mm 1/32 印张7 字数211千字 2023年11月北京第1版第1次印刷

购书咨询：010-64518888　　售后服务：010-64518899
网　　址：http://www.cip.com.cn
凡购买本书，如有缺损质量问题，本社销售中心负责调换。

定　　价：69.80元

前　言

信息时代的特征性材料是硅，如今，以硅为原料的电子元件产值超过了以钢为原料的工业产值，人类的历史因而正式进入了一个新时代——硅器时代。

硅所代表的正是半导体元件，包括存储器件、微处理器、逻辑器件与探测器等，无论是电视、电话、电脑、电冰箱还是汽车、大型装备，其中的半导体器件都无时无刻不在为我们服务。硅是地壳中最常见的元素之一，把砂子变成硅片的过程是一项点石成金的成就，也是近代科学的奇迹之一。

近几年，受个人电脑和手机市场逐渐饱和的影响，全球集成电路市场的增长步伐放缓。而在中国，集成电路产业作为信息产业的基础和核心组成部分，成为关系国民经济和社会发展全局的基础性、先导性和战略性产业，在宏观政策扶持和市场需求提升的双轮驱动下快速发展。

从市场需求角度分析，消费电子、高速发展的计算机和网络通信等工业市场、智能物联行业成为国内集成电路行业下游的主要应用领域，智能手机、平板电脑、智能盒子等消费电子的升级换代，将持续保持对芯片的旺盛需求；传统产业的转型升级，大型、复杂化的自动化、智能化工业设备的开发应用，将加速对芯片需求的提升；智能零售、汽车电子、智能安防、人工智能等应用场景的持续拓展，进一步丰富了芯片的应用领域。因此，我们编写本书，旨在令广大科技爱好者对于芯片的制造技术有一个浅显而全面的了解，对于其中的核心技术，尤其是一些“卡脖子”技术有较为充分的认识，既看到我国芯片产业的蓬勃生机和不断成长，又了解当今高新技术的研发前沿和未来的发展方向。

由于芯片产业发展迅猛，作者的水平有限，书中不足之处，请读者不吝赐教。

吴元庆

目　　录

第 1 章　集成电路简介

1.1　集成电路制造技术简介 …… 3
1.2　集成电路芯片发展历程 …… 4
1.3　集成电路的发展规律——摩尔定律 …… 7
1.4　集成电路的分类 …… 9
1.5　芯片制造工艺 …… 10
1.6　芯片制造要求 …… 12
　1.6.1　超净环境 …… 12
　1.6.2　超纯材料 …… 14

第 2 章　硅片的制备

2.1　硅材料的性质 …… 17
2.2　多晶硅的制备 …… 17
　2.2.1　冶炼 …… 18
　2.2.2　提纯 …… 18
2.3　单晶硅生长 …… 20
　2.3.1　直拉法 …… 20
　2.3.2　磁控直拉法 …… 26
　2.3.3　悬浮区熔法 …… 28
2.4　切制硅片 …… 29
　2.4.1　切片工艺 …… 29
　2.4.2　硅片规格及用途 …… 31
2.5　硅片的缺陷 …… 32

第 3 章　氧化

3.1　二氧化硅的结构 …… 35
3.2　二氧化硅的物理化学性质 …… 37

3.3　二氧化硅在集成电路中的作用 …… 37
3.4　硅的热氧化 …… 39
3.4.1　热氧化的反应原理 …… 39
3.4.2　常用的硅热氧化工艺 …… 41
3.4.3　热氧化工艺流程 …… 43
3.4.4　热氧化规律 …… 45
3.4.5　其他氧化方式 …… 46

第4章　扩散

4.1　杂质的扩散类型 …… 50
4.1.1　替位式扩散 …… 50
4.1.2　间隙式扩散 …… 52
4.1.3　间隙－替位式扩散 …… 52
4.2　扩散系数 …… 53
4.3　扩散掺杂 …… 55
4.3.1　恒定表面源扩散 …… 55
4.3.2　限定表面源扩散 …… 56
4.3.3　两步扩散工艺 …… 56
4.4　缺陷对扩散的影响 …… 57
4.4.1　氧化增强扩散 …… 57
4.4.2　发射区推进效应 …… 58
4.4.3　横向扩散效应 …… 59
4.5　扩散方式 …… 60
4.5.1　气态源扩散 …… 60
4.5.2　液态源扩散 …… 61
4.5.3　固态源扩散 …… 62

第5章　离子注入

5.1　离子注入的特点 …… 64
5.2　离子注入原理 …… 65

5.2.1 离子注入的行程 …… 65
5.2.2 注入离子的碰撞 …… 67
5.3 注入离子在靶中的分布 …… 68
5.3.1 纵向分布 …… 69
5.3.2 横向效应 …… 69
5.3.3 单晶靶中的沟道效应 …… 70
5.3.4 离子质量的影响 …… 71
5.4 注入损伤 …… 73
5.5 退火 …… 74
5.6 离子注入设备与工艺 …… 79
5.6.1 离子注入机 …… 79
5.6.2 离子注入工艺 …… 79
5.7 离子注入的其他应用 …… 81
5.7.1 浅结的形成 …… 81
5.7.2 调整 MOS 晶体管的阈值电压 …… 81
5.7.3 自对准金属栅结构 …… 82
5.8 离子注入与热扩散比较 …… 83

第 6 章　化学气相沉积 CVD

6.1 CVD 概述 …… 85
6.2 CVD 工艺原理 …… 86
6.2.1 薄膜沉积过程 …… 86
6.2.2 薄膜质量控制 …… 86
6.3 CVD 工艺方法 …… 89
6.3.1 常压化学气相沉积 …… 90
6.3.2 低压化学气相沉积 …… 91
6.3.3 等离子增强化学气相沉积 …… 93
6.3.4 CVD 工艺方法的进展 …… 98
6.4 薄膜的沉积 …… 98
6.4.1 氮化硅的性质 …… 99
6.4.2 多晶硅薄膜的应用 …… 100

6.4.3 CVD 金属及金属化合物 …… 101

第7章 物理气相沉积PVD

7.1 PVD 概述 …… 104
7.2 真空系统及真空的获得 …… 105
7.3 真空蒸镀 …… 107
7.3.1 工艺原理 …… 107
7.3.2 蒸镀设备 …… 109
7.3.3 多组分蒸镀工艺 …… 112
7.3.4 蒸镀薄膜的质量控制 …… 114
7.4 溅射 …… 115
7.4.1 工艺原理 …… 116
7.4.2 溅射方式 …… 120
7.4.3 溅射薄膜的质量及改善 …… 123
7.5 金属与铜互连引线 …… 126

第8章 光刻

8.1 概述 …… 133
8.2 基本光刻工艺流程 …… 137
8.2.1 底膜处理 …… 137
8.2.2 涂胶 …… 138
8.2.3 前烘 …… 139
8.2.4 曝光 …… 140
8.2.5 显影 …… 142
8.2.6 坚膜 …… 144
8.2.7 显影检验 …… 145
8.2.8 去胶 …… 145
8.2.9 最终检验 …… 145
8.3 光刻掩模版 …… 147
8.4 光刻胶 …… 149

8.5　光学分辨率增强技术 …… 152
8.5.1　离轴照明技术 …… 152
8.5.2　移相掩模技术 …… 154
8.5.3　光学邻近效应校正技术 …… 156
8.6　紫外光曝光技术 …… 157
8.6.1　接触式曝光 …… 158
8.6.2　接近式曝光 …… 159
8.6.3　投影式曝光 …… 159
8.6.4　其他曝光技术 …… 162

第 9 章　刻蚀技术

9.1　概述 …… 166
9.2　湿法刻蚀 …… 168
9.2.1　硅的湿法刻蚀 …… 168
9.2.2　二氧化硅的湿法刻蚀 …… 170
9.2.3　氮化硅的湿法刻蚀 …… 170
9.2.4　铝的湿法刻蚀 …… 171
9.3　干法刻蚀 …… 171
9.3.1　刻蚀参数 …… 174
9.3.2　典型材料的干法刻蚀 …… 176

第 10 章　外延

10.1　概述 …… 178
10.1.1　外延概念 …… 178
10.1.2　外延工艺种类 …… 179
10.2　气相外延工艺 …… 181
10.2.1　外延原理 …… 182
10.2.2　外延的影响因素 …… 185
10.2.3　外延掺杂 …… 188
10.2.4　外延技术 …… 191

10.3 分子束外延…… 192
10.4 其他外延方法…… 194
10.4.1 液相外延…… 194
10.4.2 固相外延…… 195
10.4.3 金属有机物气相外延…… 195
10.4.4 化学束外延…… 196

第 11 章 集成电路工艺与封装

11.1 隔离工艺…… 199
11.2 双极型集成电路工艺…… 201
11.3 CMOS 电路工艺流程…… 203
11.4 芯片封装技术…… 204
11.4.1 封装的作用和地位…… 204
11.4.2 引线连接…… 205
11.4.3 几种典型封装技术…… 207

参考文献…… 211

第1章 集成电路简介

1.1　集成电路制造技术简介
1.2　集成电路芯片发展历程
1.3　集成电路的发展规律——摩尔定律
1.4　集成电路的分类
1.5　芯片制造工艺
1.6　芯片制造要求

集成电路（英文为 Integrated Circuit，缩写作 IC）是当前国内外发展的热点行业。与普通电路相比，集成电路就是把一定数量的常用电子元件，如电阻、电容、晶体管等，以及这些元件之间的连接导线，通过半导体工艺集成在一起，形成具有特定功能的电路。

集成电路是 20 世纪 50 年代后期到 60 年代逐渐发展起来的一种新型半导体器件。利用氧化、光刻、扩散、外延、蒸镀等一系列半导体制造工艺技术，把构成具有一定功能的电路所需的半导体元件及连接导线等集成在一片硅片上，通过封装、测试等工艺，最终形成人们常见的集成电路芯片。个人电脑中的 CPU 芯片就是典型的集成电路芯片，Intel（英特尔）公司生产的第 9 代 i9 芯片如图 1-1 所示。

图 1-1　Intel 公司生产的第 9 代 i9 芯片

集成电路芯片也被简称作芯片，或称微电路（Microcircuit）、微芯片（Microchip）、晶片 / 芯片（Chip）等。集成电路芯片已经被普遍应用于民用和军用产品，极大地推动了社会的进步和技术的发展，成为衡量一个国家科技水平的重要标志。典型的应用如个人电脑、手机、无人机、智能汽车、数码产品等，如图 1-2 所示。

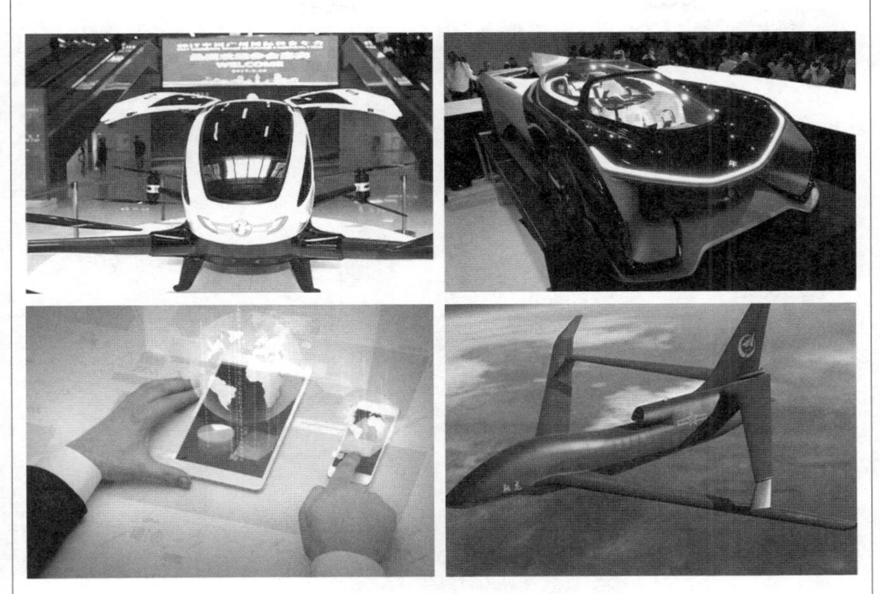

图 1-2　集成电路芯片的应用

1.1　集成电路制造技术简介

集成电路技术包括芯片制造技术与芯片设计技术，主要体现在芯片加工设备、芯片加工工艺、产品封装测试、产品批量生产以及芯片设计创新的能力方面。

集成电路制造技术主要是指利用成熟的半导体工艺，将原材料或半成品加工成芯片的工艺、方法和技术等。集成电路的制造工艺，通常独立于设计流程，通过专门的代加工企业来完成芯片的制备。这些芯片加工企业（Foundry，代工厂），经过数十步工艺流程的加工，制造出满足设计公司要求的各种集成电路或分立器件结构，并由专门的芯片测试和封装厂商完成测试、划片、封装等步骤，最终将合格的芯片产品提供给用户。

典型的集成电路制造过程如图 1-3 所示。

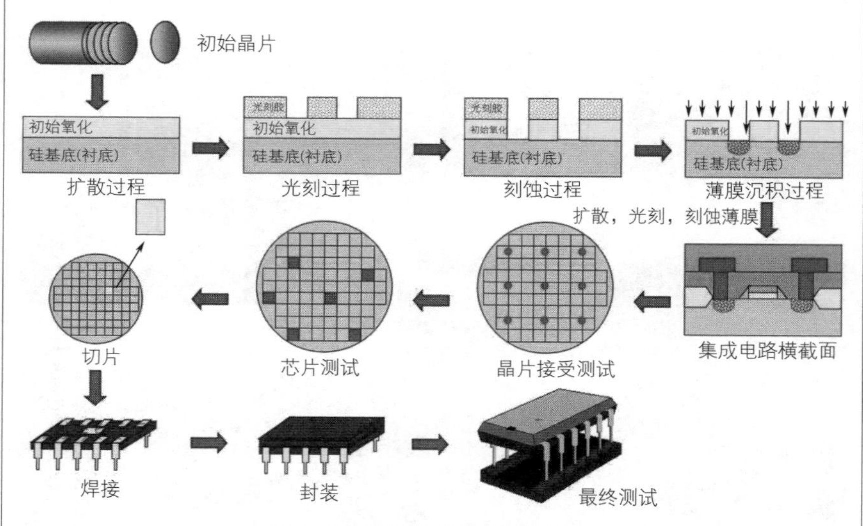

图 1–3　典型集成电路制造过程

1.2　集成电路芯片发展历程

1947 年 12 月，美国贝尔实验室的肖克莱、巴丁和布拉顿组成的研究小组，研制出一种点接触型的锗晶体管。

在首次试验时，它能把音频信号放大 100 倍，它的外形比火柴棍短，但要粗一些。1948 年 1 月，肖克莱提出了 pn 结理论，因为它是靠从“低电阻输入”到“高电阻输出”的转移电流工作的，故取名 trans-resistor（转换电阻），后来缩写为 transistor。

1956 年，肖克莱、巴丁、布拉顿三人，因发明晶体管同时荣获诺贝尔物理学奖。图 1–4 为肖克莱、巴丁、布拉顿三人及其发明的点接触型的锗晶体管。

世界上第一块混合集成电路芯片如图 1–5 所示。该集成电路芯片只含有 12 个元件。在锗衬底上，以石蜡作为保护层，通过选择性腐蚀得到一系列互不连通的小岛，在每个小岛上制作一个晶体管，器件之间互连采用引线焊接方法，从此，微电子技术正式进入了集成电路（IC）

时代。

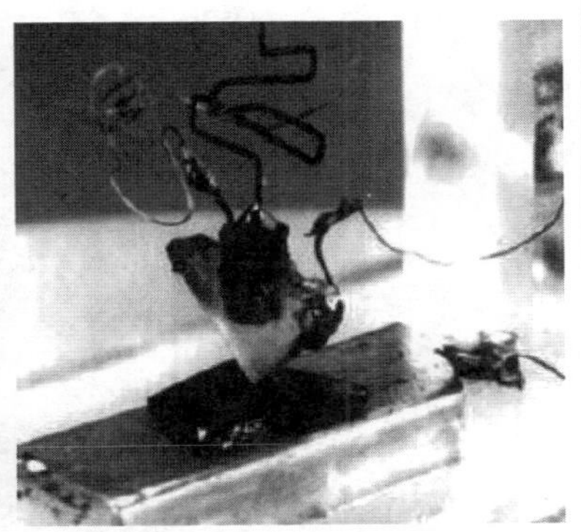

图 1-4　肖克莱、巴丁、布拉顿三人及其发明的点接触型的锗晶体管

图 1-5　第一块混合集成电路芯片

1961 年 4 月 25 日，第一个集成电路专利被授予罗伯特 · 诺伊斯（Robert Noyce）。

1965 年，摩尔定律诞生。当时，戈登 · 摩尔（Gordon Moore）预测，未来芯片上集成晶体管数量约每 18 个月翻一倍（至今依然基本适用）。

1971 年，出现了世界上第一片微处理器——4004，它的诞生标志着一个时代的开始，随后英特尔公司在微处理器研发中一骑绝尘，独领风骚。该芯片的电路规模为 2300 个晶体管，利用 10μm 生产工艺，最快速度可以达到 108kHz，芯片结构如图 1-6 所示。

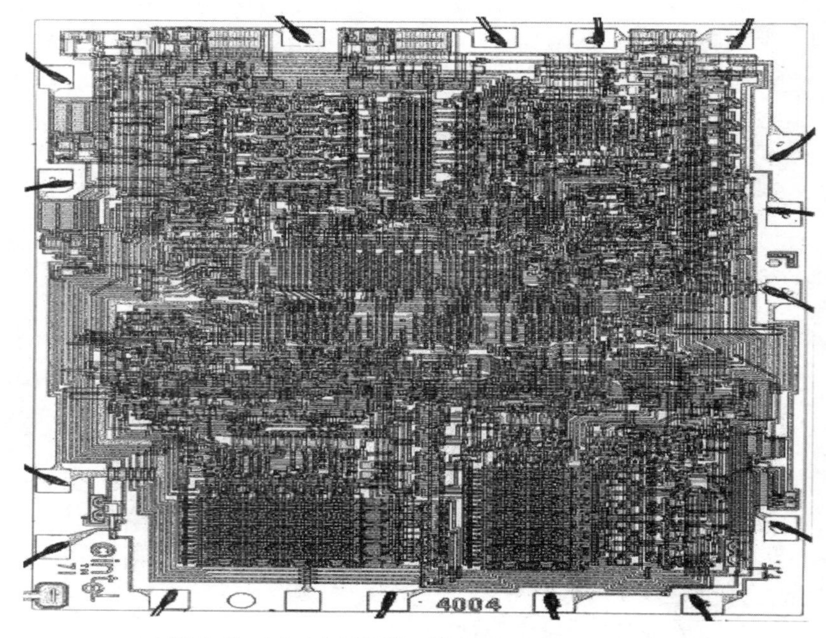

图 1-6　Intel 公司的第一代 CPU 产品——4004

1978 年，英特尔推出 8086、8088 微处理器（含有 2.9 万个晶体管），挺进财富（FORTUNE）500 强企业排名，《财富（FORTUNE）》杂志将英特尔公司评为“70 年代商业奇迹之一（Business Triumphs of the Seventies）”。

1985 年，386 微处理器问世，含有 27.5 万个晶体管，是 4004 的 100 多倍。

1993 年，奔腾处理器问世，含有 300 万个晶体管，采用 0.8μm 工艺制造。

2002 年，奔腾 4 处理器推出，采用英特尔 0.13μm 技术生产，含有 5500 万个晶体管，如图 1-7 所示。

图 1-7　Intel 公司产品 Pentium®（奔腾）4 CPU 芯片

2006 年，英特尔酷睿 2 双核处理器诞生，含有 2.9 亿多个晶体管，采用英特尔 65nm 技术生产。

而图 1-1 中的 Intel 公司的 CPU 产品酷睿 i9，则是英特尔在 2017 年 5 月发布的全新的处理器，该芯片采用了 14nm+ 工艺。

1.3　集成电路的发展规律——摩尔定律

摩尔定律是英特尔创始人之一戈登 · 摩尔的经验之谈，其核心内容为：集成电路上可以容纳的晶体管数目在大约每经过 18 个月到 24 个月便会增加一倍。换言之，处理器的性能大约每两年翻一倍，同时产品价格下降为之前的一半。

“摩尔定律”归纳了信息技术进步的速度。在摩尔定律应用的若干年里，计算机从早期神秘的庞然大物 ENIAC（最早的计算机，长 30.48 米，宽 6 米，高 2.4 米，占地面积约 170 平方米，30 个操作台，重达 30 英吨[1]，耗电量 150 千瓦时，造价 48 万美元），逐渐变成多数人都不可或缺的智能工具。信息技术也由实验室进入到了无数个普通家庭，并利用互联网将全世界联系起来，多媒体视听设备丰富着每个人的生活。

半导体芯片的集成化趋势一如摩尔的预测，推动了整个信息技术产业的发展，进而给千家万户的生活带来变化。

集成电路特征尺寸逐年缩减，目前为止，最先进的芯片加工技术为 3nm 工艺。典型的芯片加工特征尺寸变化情况如图 1-8 所示。

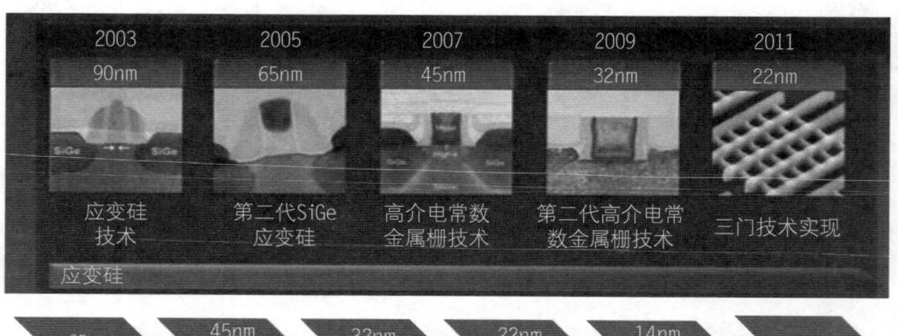

图 1-8　芯片加工特征尺寸的变化

特征尺寸：集成电路中半导体器件的最小尺寸，是衡量集成电路设计和制造水平的重要尺度，特征尺寸越小，芯片的集成度越高，速度越快，性能越好。

表 1-1 给出了特征尺寸在不同标准下的变化趋势情况，从中可以看到，芯片的发展是符合摩尔定律的。

[1] 1 英吨 =1016 千克。

表 1-1　特征尺寸在不同标准下的变化趋势

预计进入生产时间（年份）		2004	2005	2006	2007	2008	2009	2010	2011	2012	2013	2014	2016	2022
特征尺寸	SIA 99 版		100			70			50			35		
	ITRS 2001	100				70			50			35		
	ITRS 2002				70	65		45			32			
	ITRS 2005				65			45			32		22	
	ITRS 2008							45			32		22	11

注：表中 SIA 代表 Semiconductor Industry Association，即美国半导体工业协会；

ITRS 代表 International Technology Roadmap for Semiconductors，即国际半导体技术发展趋势。

1.4　集成电路的分类

根据不同的划分原则，集成电路的分类情况如图 1-9 所示。

不同集成电路工艺（双极型集成电路、MOS 集成电路等），不同电路结构（数字电路、模拟电路等），其电路规模的划分标准是不同的。

尽管根据电路的规模分类，集成电路可以分为小规模集成电路（Small Scale Integration，SSI）、中规模集成电路（Medium Scale Integration，MSI）、大规模集成电路（Large Scale Integration，LSI）、超大规模集成电路（Very Large Scale Integration，VLSI）、特大规模集成电路（Ultra Large Scale Integration，ULSI），以及巨大规模集成电路（Gigantic Scale Integration，GSI），但不同国家和组织对集成电路规模的定义也不尽相同，目前尚无统一的标准。表 1-2 给出了通常采用的划分标准。

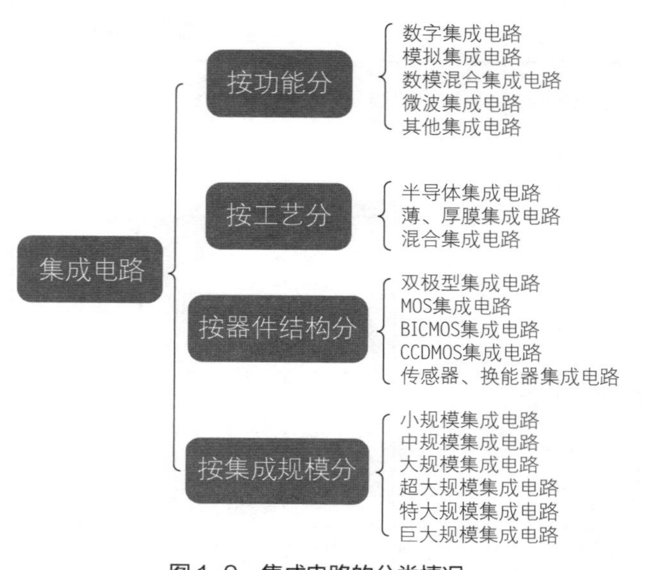

图 1-9　集成电路的分类情况

表 1-2　集成电路的规模划分

项目	MOS 数字 IC		双极型数字 IC（元件数）	模拟 IC（元件数）
	元件数	门数		
SSI	< 100	< 10	< 100	< 30
MSI	100 ~ 1000	10 ~ 100	100 ~ 500	30 ~ 100
LSI	1000 ~ 10000	100 ~ 10000	500 ~ 2000	100 ~ 300
VLSI	10^4 ~ 10^7	10^4 ~ 10^6	> 2000	> 300
ULSI	10^7 ~ 10^9	10^6 ~ 10^8		
GSI	> 10^9	> 10^8		

1.5　芯片制造工艺

集成电路工艺从广义上讲，包含半导体集成电路和分立器件芯片制造及测试封装的工艺、方法和技术。集成电路工艺是微电子学中最基础、最主要的研究领域之一。

集成电路工艺是一种超精细加工工艺，目前工艺特征尺寸已进入纳米量级，因此对工艺环境、原材料的要求非常高。而芯片工艺的一次循环就可以制造出大量芯片产品的特性，使得集成电路工艺具有高可靠、高质量、低成本的优势，从而其应用范围也就比较广泛。典型的集成电路制造工艺如图 1–10 所示。

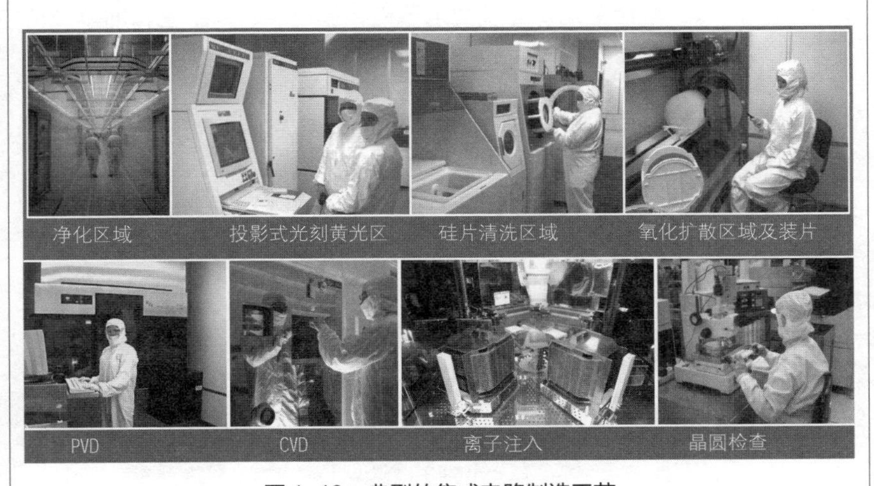

图 1–10 典型的集成电路制造工艺

注：PVD 为物理气相沉积工艺，CVD 为化学气相沉积工艺。

芯片制造工艺（或称微电子工艺）狭义上是指在半导体硅片上制造出集成电路或分立器件的芯片结构，这 20 ~ 30 个工艺步骤的工作、方法和技术即为芯片制造工艺。不同的集成电路芯片其制造工艺亦不同，且结构复杂的超大规模集成电路芯片其制造工艺相当烦琐复杂。不同产品芯片的 20 ~ 30 个工艺步骤中，通常将工作内容近似、工作目标基本相同的单元步骤称为单项工艺。也就是可以把集成电路工艺分解为多个基本相同的单项工艺，不同产品芯片的制造工艺就是将多个单项工艺按照一定顺序进行排列，具体产品制造工艺分解的单项工艺的排列顺序称为该产品的工艺流程。

1.6 芯片制造要求

1.6.1 超净环境

集成电路芯片的特征尺寸已在纳米量级，在芯片的关键部位若存在1μm 甚至更小的尘粒，就会对芯片性能产生很大的影响，甚至导致其功能失效。所以，芯片工艺对环境要求严格，是一种超净工艺，即集成电路芯片必须在超净环境中生产。

超净工艺完成场所主要包括超净工作台、超净工作室、超净工作线等，一般用“超净室”来概括。超净室是指一定空间范围内，室内空气中的微粒、有害气体、细菌等污染物被排除，其温度、洁净度、压力、气流速度与气流分布、噪声、振动、照明、静电等被控制在某一范围内的工作环境。无论室外空气条件如何变化，室内均能维持原设定要求的洁净度、温湿度及压力等特性。

超净环境的维持，离不开空气净化系统的支持。空气净化系统的工作流程如图 1-11 所示。

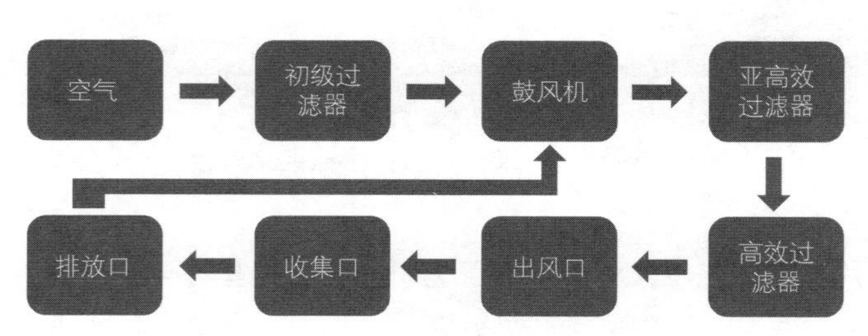

图 1-11　空气净化系统的工作流程

通过对过滤器的滤孔尺寸、空气流量、温度和湿度等进行控制，可以得到符合空气质量等级标准的超净环境。超净室的分类等级标准有美国联邦标准（如表 1-3 所示）、中国新标准（如表 1-4 所示）等。

表 1-3　美国洁净度标准

级别	尘埃			压力 / Torr[1]	温度 /℃		
	粒径 /μm	粒 /ft³[1]	粒 /L		范围	推荐值	误差
100	≥ 0.5	≤ 100	≤ 3.5	≥ 1.25	19.4 ~ 25	22.2	±2.8
10000	≥ 0.5	≤ 10000	≤ 350				
	≥ 5.0	≤ 65	≤ 2.3				
100000	≥ 0.5	≤ 100000	≤ 3500				
	≥ 5.0	≤ 700	≤ 25				±0.28

注：洁净度为每立方英尺空气中所含的直径大于 0.5μm 的颗粒数量。

表 1-4　我国洁净度标准

空气洁净度等级（N）	大于或等于所标粒径的粒子最大浓度限值 /（pc/m³）					
	0.1μm	0.2μm	0.3μm	0.5μm	1μm	5μm
1	10	2				
2	100	24	10	4		
3	1000	237	102	35	8	
4（十级）	10000	2370	1020	352	83	
5（百级）	100000	23700	10200	3520	832	29
6（千级）	1000000	237000	102000	35200	8320	293
7（万级）				352000	83200	2930
8（十万级）				3520000	832000	29300
9(一百万级）				35200000	8320000	293000

集成电路工艺的发展使得其对工艺环境要求不断提高，不同集成电路芯片对工艺环境超净等级要求不同，芯片特征尺寸越小，要求超净室的级别越高。而同种芯片的不同单项工艺要求的超净室等级也不同，如光刻工艺对环境要求就较高。

[1] 1ft（英尺）=0.3048m，1Torr=133Pa。

1.6.2 超纯材料

集成电路所用材料必须“超纯”，这和工艺环境要求“超净”相一致。超纯材料是指半导体材料（不包括专门掺入的杂质）、其他功能性电子材料及工艺消耗品等都必须为高纯度材料。

目前，集成电路工艺用半导体硅、锗材料的纯度已达 99.999999999% 以上，即 11 个 9，记为 11N。功能性电子材料（如 Al、Au 等金属化材料）掺杂用气体、外延气体等必须是集成电路用高纯度材料。

工艺材料（如化学试剂，也是集成电路专用级高纯试剂）杂质含量已低于 0.1ppb❶，而石英杯、石英舟等工艺器皿用的石英材料的杂质含量也低于 100ppm❶。集成电路工艺的发展使其对材料纯度要求不断提高，一般来说，不同集成电路芯片对材料纯度要求不同，芯片特征尺寸越小，要求材料纯度也就越高。

芯片工艺用水必须是超纯水，在微电子生产企业都有超纯水生产车间，水质的好坏直接影响到芯片质量，水质不达标可能导致不能生产出合格的产品。微电子工业用超纯水一般用电阻率来表征水的纯度，超大规模集成电路用超纯水的电阻率在 18MΩ · cm 以上，普通大功率晶体管用超纯水的电阻率一般在 10MΩ · cm 以上。

❶ 1ppb=1×10^{-9}，1ppm=1×10^{-6}。

第2章

硅片的制备

2.1 硅材料的性质
2.2 多晶硅的制备
2.3 单晶硅生长
2.4 切制硅片
2.5 硅片的缺陷

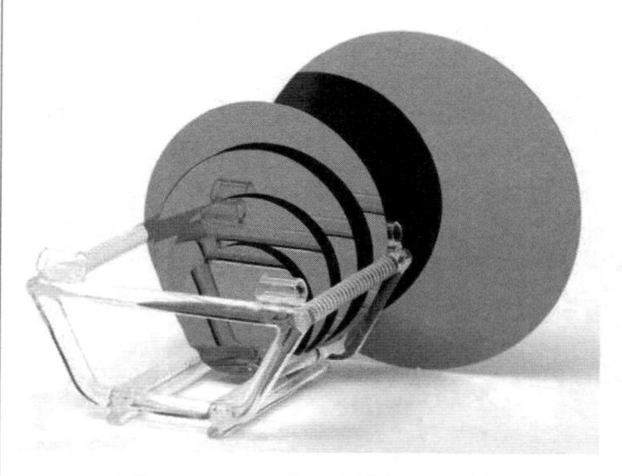

图 2-1　不同尺寸的单晶硅片

作为集成电路芯片的衬底材料，单晶硅衬底的制备有两种方法：一种是由石英砂冶炼、提纯制备出高纯多晶硅，然后由高纯多晶硅熔体拉制出单晶硅锭，再经切片等工艺加工出硅片；另一种方法是在单晶衬底上通过外延工艺生长出单晶外延层，得到外延片。作为外延片的衬底可以是硅片，也可以使用其他单晶材料，如蓝宝石等。本章主要介绍单晶硅的制备方法。图 2-1 为不同尺寸的单晶硅片。

1950 年，William Shockley，Morgan Sparks，Gorden Teal 采用单晶提拉工艺，发明制造出单晶锗 npn 结型晶体管。两个 n 型层中间夹一 p 型层作为放大结构，面结型晶体管具有实用的价值。制备的锗单晶如图 2-2 所示。

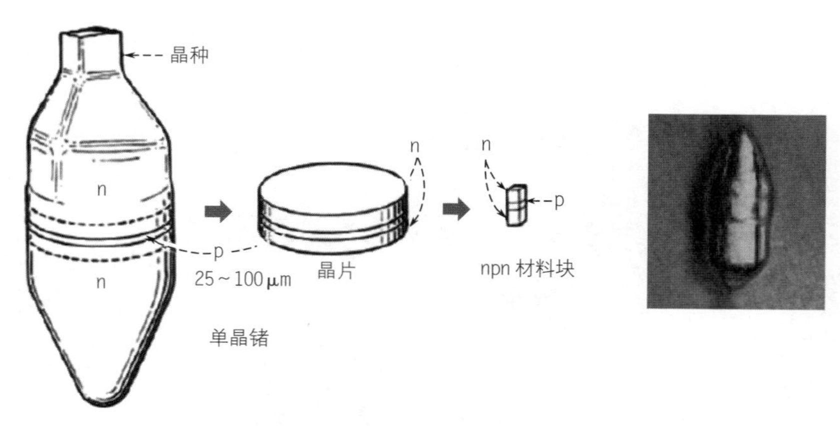

图 2-2　William Shockley 等人利用提拉工艺制备的晶体

2.1　硅材料的性质

硅作为地表存在最广的元素之一，具有不错的物理化学性能，从而可以用于集成电路芯片的制备，成为不可替代的衬底材料之一。

硅材料的性质如图 2-3 所示。

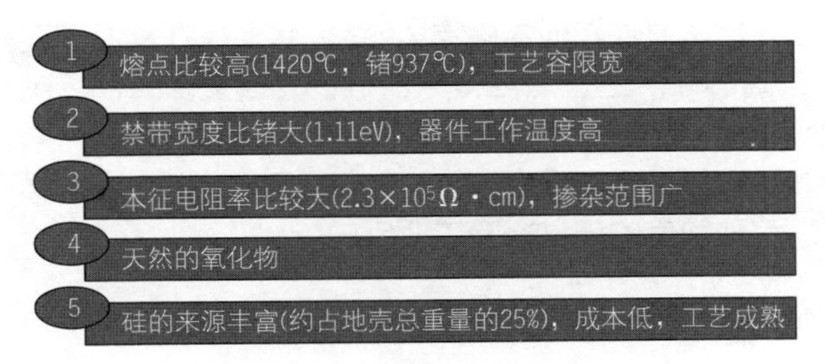

图 2-3　硅材料的性质

以晶体形式存在的硅主要包括两种形式：单晶硅和多晶硅。主要区别在于晶体内部晶格结构的不同。单晶体具有长程有序的性质，在空间上是晶体结构的无限复制。而多晶体具有短程有序、长程无序的特点。结构的不同，使得二者的性质也具有较大的区别，在芯片加工中，一般主要使用单晶硅片。

2.2　多晶硅的制备

微电子工业使用的硅，是采用地球上最普遍的原料——石英砂（也称硅石）来制备的。石英砂的主要成分是二氧化硅，将石英砂通过冶炼得到冶金级硅（MGS），再经过一系列提纯得到电子级硅（EGS），电子级硅是高纯度的多晶硅。

不同级别的硅材料用途不同，两者的区别如图 2-4 所示。

多晶硅

电子级纯(>99.9999999%)用于半导体生产

光伏级纯(99.9999% ~ 99.99999%)用于太阳能电池生产

图 2-4　不同级别硅材料的用途

2.2.1　冶炼

冶炼是采用木炭或其他含碳物质如煤、焦油等在高温下还原石英砂，得到纯度较高的硅。通过冶炼得到的硅的含量在 98% ~ 99% 之间，称为冶金级硅。

冶金级硅也称为粗硅或硅铁。粗硅中主要含有铁、铝、碳、硼、磷、铜等杂质。这种纯度的硅是冶金工业用硅。

2.2.2　提纯

粗硅的提纯是一系列物理化学过程。因为硅不溶于酸，所以粗硅的初步提纯一般用酸洗方法，先去除含量大的铁、铝等金属杂质；进一步的提纯一般采用蒸馏方法，而蒸馏方法只能提纯液态混合物，所以需要将酸洗过的硅转化为液态硅化物，提纯后再将液态硅化物还原，由此得到电子级高纯度的多晶硅，纯度达 99. 9999999% 以上，即 9N 硅。

通过粗硅提纯工艺得到的硅材料如图 2-5 所示。

图 2-5　粗硅提纯得到的硅材料

酸洗是一种化学提纯方法，用盐酸、硝酸、氢氟酸等混合强酸浸泡、清洗粗硅，溶解去除粗硅中的铁、铝等主要金属杂质。初步提纯后，硅的纯度可达 99. 7% 以上。

蒸馏提纯是一种物理提纯方法，利用液态物质沸点不同进行液态混合物提纯。首先，将酸洗过的硅氧化生成液态硅化物，可用盐酸或氯气作为氧化剂，将硅转化为 $SiHCl_3$ 或 $SiCl_4$。常温下 $SiHCl_3$ 和 $SiCl_4$ 都是液态，$SiHCl_3$ 的沸点为 31.5℃，$SiCl_4$ 的沸点为 57. 6℃。通过蒸馏塔对 $SiHCl_3$ 或 $SiCl_4$ 蒸馏提纯，获得高纯度的 $SiHCl_3$ 或 $SiCl_4$ 馏出物。对其用氢气等还原剂进行还原和提纯，得到高纯度的硅。

多晶硅的制备工艺根据反应材料的不同，可以分为硅烷热分解法、四氯化硅氢还原法、三氯氢硅的氢还原法等工艺方法。

其中，比较常用的工艺为硅烷热分解法，其工艺流程如图 2-6 所示。

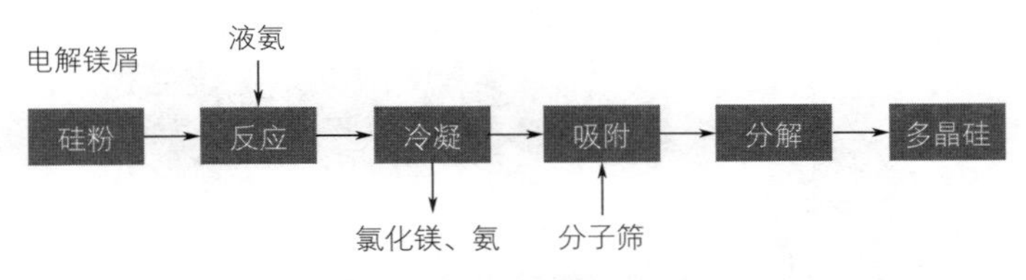

图 2-6　硅烷热分解法的工艺流程

利用 $SiHCl_3$ 制备电子级硅的完整流程如图 2-7 所示。

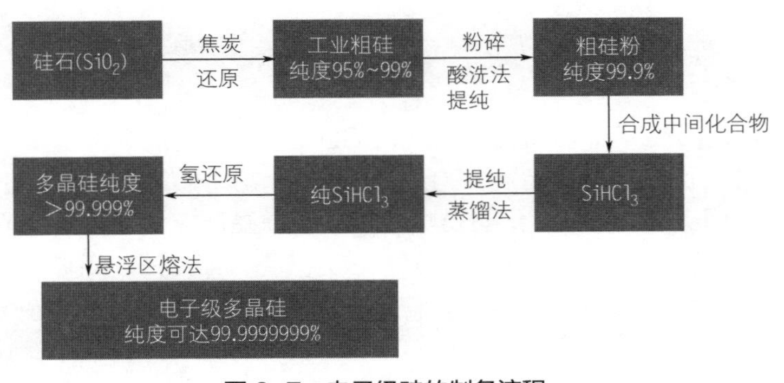

图 2-7　电子级硅的制备流程

制备出的电子级高纯度多晶硅中仍然含有十亿分之几的杂质。集成电路工艺最为关注的杂质是受主杂质硼和施主杂质磷，以及含量最多的碳。硼和磷的存在，降低了硅电阻率，用来制备本征单晶硅时一定要除去；而碳在硅中虽然不是电活性杂质，但它在制备硅单晶时，在硅中呈非均匀分布，会引起显著的局部应变，使工艺诱生缺陷成核，造成电学性质恶化。

2.3 单晶硅生长

单晶硅的制备，主要利用熔融体冷凝结晶形成单晶材料的工艺，其加工工艺根据方法的不同，可以分为直拉法（CZ 法，也称为提拉法）和悬浮区熔法（FZ 法，也称为区熔法），如图 2-8 所示。

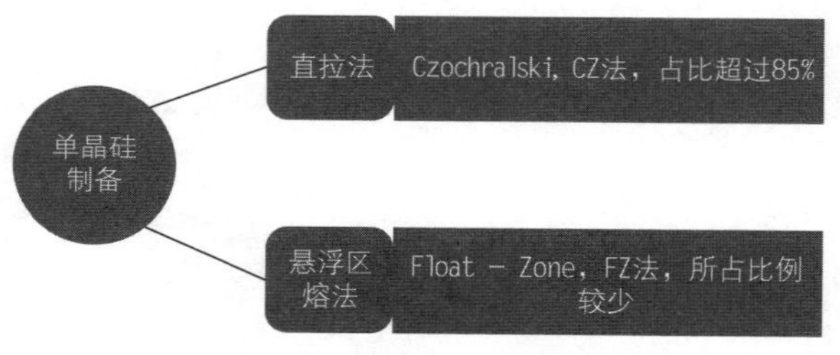

图 2-8 单晶硅的两种主要制备方法

2.3.1 直拉法

早在 1918 年，捷克拉斯基（J. Czochralski）从熔融金属中拉制出了金属细灯丝。受此启发，20 世纪 50 年代初期，G. K. Teal 和 J. B. Little 采用类似的方法从熔融硅中拉制出了单晶硅锭，开发出直拉法生长单晶硅锭技术。因此，直拉法又被称为捷克拉斯基法，简称 CZ 法。直拉法历经半个多世纪的发展，拉制的单晶硅锭直径已达 450mm，即 18 英寸。目前，微电子工业使用的单晶硅绝大多数是采用直拉法制备的。

直拉法生长单晶硅锭的装置称为单晶炉。图 2-9 所示是 EKZ-

3500 型单晶炉照片，它主要由 4 个部分组成：炉体部分、加热控温系统、真空系统及控制系统。炉体部分包括坩埚、水冷装置和拉杆等机械传动部分；加热控温系统包括光学高温计、加热器、隔热装置等；真空系统包括机械泵、扩散泵、真空计、进气阀等；控制系统有显示器及控制面板等。

图 2-9　EKZ-3500 型单晶炉照片

直拉法生长单晶硅的装置内部结构如图 2-10 所示。主要包括籽晶、加热器、水保护套、石英坩埚、碳加热部件等。

为了生长硅锭，将半导体级硅放在坩埚中，同时加入少量掺杂物质使其生成 n 型或 p 型硅。加热坩埚中的多晶硅，将其变为液体，称为熔体。将一个完美的籽晶硅放在熔体表面并在旋转过程中缓慢拉起，它

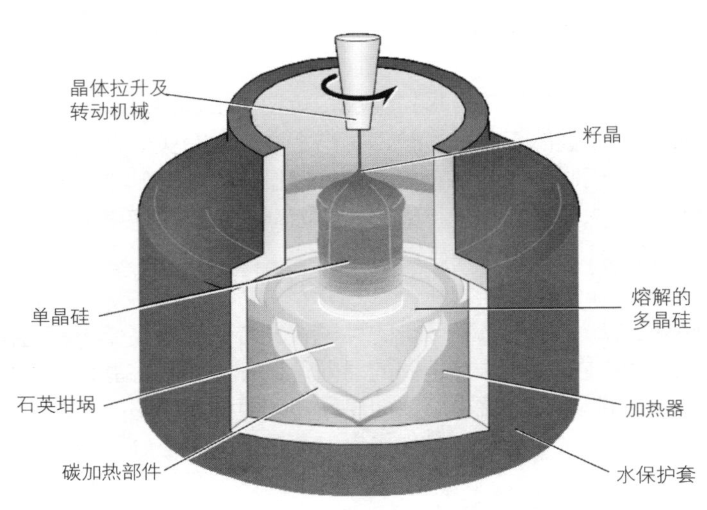

图 2-10　直拉法生长单晶硅装置内部结构示意图

的旋转方向与坩埚的旋转方向相反。随着籽晶在直拉过程中离开熔体，熔体中的液体会因为表面张力而提高，籽晶上的界面散发热量并向下朝着熔体的方向凝固，随着籽晶旋转着从熔体里拉出，与籽晶具有同样晶向的单晶就生长出来了。

在单晶炉内通入惰性气体，可以避免拉制出的单晶硅被氧化、沾污，并可通过在惰性气体中掺入杂质气体的方法来给单晶硅锭掺杂。

直拉法生长单晶硅的主要工艺流程为：准备→开炉→熔化→生长→停炉。

准备阶段先清洗和腐蚀多晶硅，去除表面的污物和氧化层，放入坩埚内。再准备籽晶，籽晶作为晶核，必须挑选晶格完整性好的单晶，其晶向应与将要拉制的单晶锭的晶向一致，籽晶表面应无氧化层、无划伤。最后将籽晶卡在拉杆卡具上。

开炉阶段是先开启真空设备将单晶生长室的真空度抽吸至高真空，一般在 10^{-2}Pa 以上，通入惰性气体（如氩）及所需的掺杂气体，至一定真空度。然后，打开加热器升温，同时打开水冷装置，通入冷却循环水。硅的熔点是 1417℃，待多晶硅完全熔融，坩埚温度升至约 1420℃。

多晶硅熔化阶段，需要注意坩埚的位置、熔体的温度，以及熔体的量等。避免出现跳硅或者搭桥等事故，造成不必要的损失。

生长过程可分解为 6 个步骤：引晶一缩颈一放肩一转肩一等径生长一收尾。

晶体生长中，控制拉杆提拉速度和转速、坩埚温度及坩埚反向转速是很重要的，硅锭的直径和生长速度与上述因素有关。在坩埚温度、坩埚反向转速一定时，主要通过控制拉杆提拉速度来控制硅锭的生长。即籽晶熔接好后先快速提拉进行缩颈，再渐渐放慢提拉速度进行放肩至所需直径，最后等速拉出等径硅锭。

具体的单晶生长过程如图 2-11 所示。

籽晶在拉单晶时是必不可少的种子：一方面，籽晶作为复制样本，可使拉制出的硅锭和籽晶有相同的晶向；另一方面，籽晶是作为晶核，有较大晶核的存在可以减小熔体向晶体转化时必须克服的能垒（即界面势垒）。引晶又称为下种，是将籽晶与熔体很好地接触。引晶过程的注意事项如图 2-12 所示。

对于硅单晶的制备，需要注意缩颈的过程。缩颈是在籽晶与生长的单晶锭之间先收缩出晶颈，晶颈最细部分直径只有 2 ~ 3mm。缩颈的作用在于抑制籽晶中的位错向晶体内部延伸，从而制造出位错很低的单晶产品。缩颈的作用机制如图 2-13 所示。

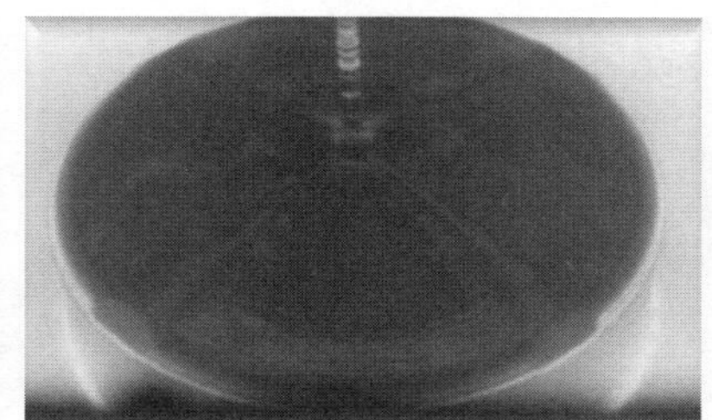
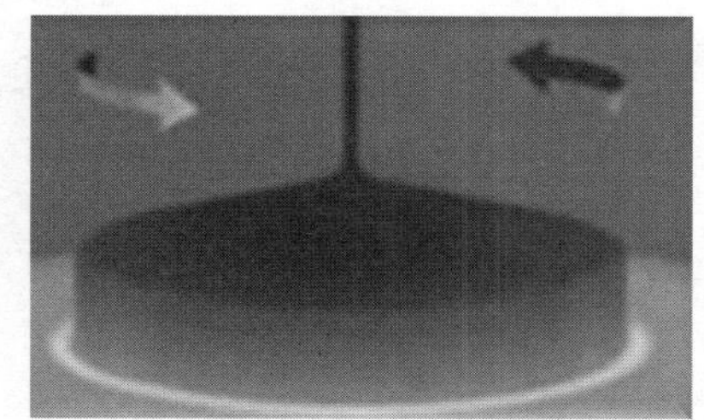

图 2-11　单晶生长过程

给熔硅一个晶核(籽晶)，提供标准，使其在过冷温度下能够按标准结晶

籽晶与熔硅的接触情况，如果籽晶迅速熔断，说明熔硅温度过高；如果熔硅沿着籽晶迅速攀沿，说明温度过低

图 2-12　引晶过程的注意事项

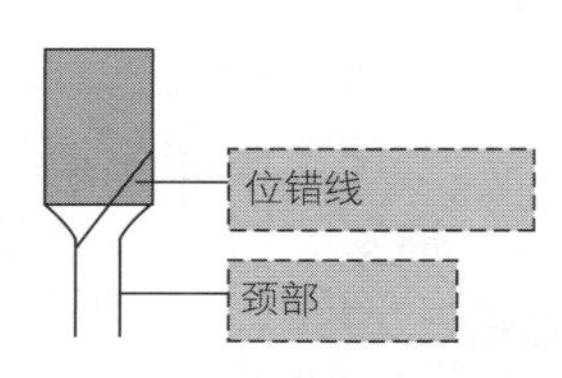

图 2-13　缩颈的作用机制

缩颈能终止拉单晶初期籽晶中的位错、表面划痕等缺陷。为保证拉制的硅锭晶格完整，可以进行多次缩颈。缩颈效果如图 2-14 所示。

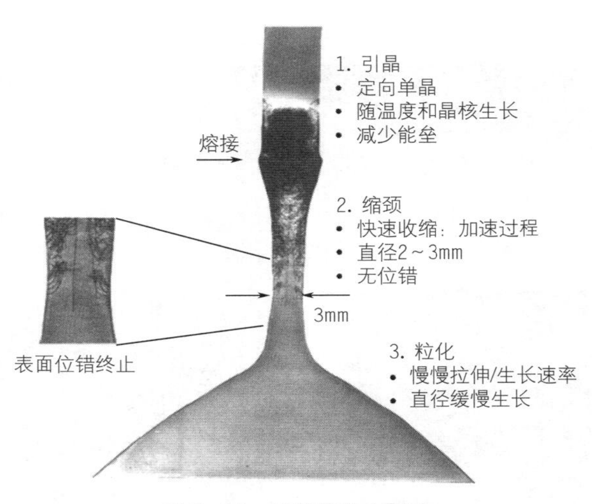

图 2-14　缩颈的放大图片

放肩是将晶颈放大至所拉制晶锭的直径尺寸进行转肩。转肩的目的在于，避免晶体出现锋利的棱角，产生较多的缺陷。再等径生长硅锭，直至耗尽坩埚内的熔硅。等径生长过程可以获得单晶硅棒，过程中严格控制旋转和提拉速度，并进行坩埚的自动跟踪，如图 2-15 所示。

晶体的质量对拉杆提拉速度很敏感。典型的拉杆提拉速度一般在 10μm/s 左右。在靠近熔料处晶体的点缺陷浓度最高，快速冷却能阻止这些缺陷结团。点缺陷结团后多为螺位错，这些位错相对硅锭轴心呈漩涡状分布。

当坩埚内的熔融晶体接近提拉完成时，通过快速降温，将坩埚内的尾料全部提拉完成，保持坩埚的完整性，结束单晶生长。

需要注意的是，收尾过程必须将所有的多晶硅拉完，否则坩埚容易破裂，如图 2-16 所示。

停炉阶段应先降温，然后再停止通气，停止抽真空，停止通入冷却循环水，最后才能开炉取出单晶锭，这样可以避免单晶锭在较高温度就被暴露在空气中，带来氧化和污染。

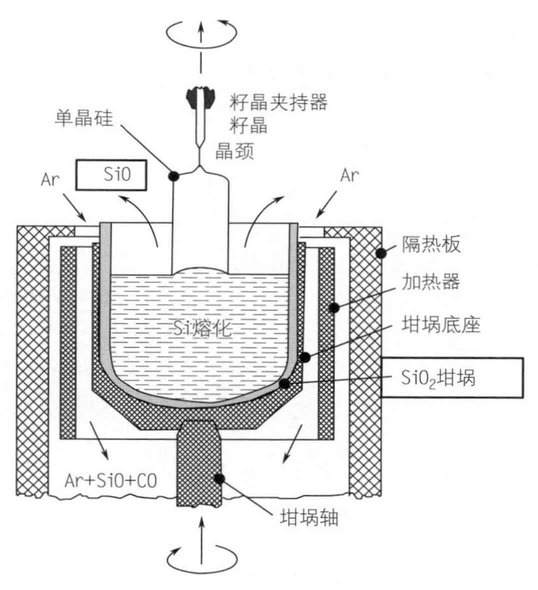

图 2-15　等径生长过程

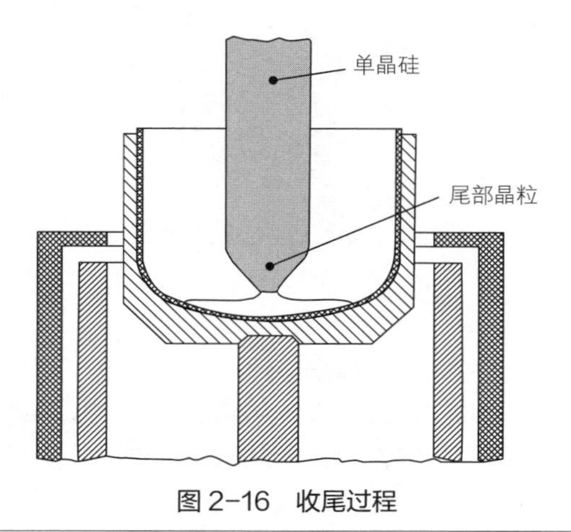

图 2-16　收尾过程

2.3.2 磁控直拉法

20 世纪 80 年代出现了磁控直拉法（MCZ 法）单晶炉，就是在直拉法单晶炉上附加一个稳定的强磁场。磁控直拉单晶生长技术是在直拉技术基础上发展起来的，磁控直拉工艺和直拉工艺相类似，生长的单晶硅质量更好，能得到均匀、低氧的大直径硅锭。目前，MCZ 硅已普遍用来制造集成电路和分立器件。

直拉法生长单晶硅时，坩埚内熔体温度呈一定分布。熔体表面中心处温度最低，坩埚壁面和底部温度最高。熔体的温度梯度带来密度梯度，坩埚壁面和底部熔体密度最低，表面中心处熔体密度最高。地球重力场的存在使得坩埚上部密度高的熔体向下流动，而底部、壁面密度低的熔体向上流动，形成自然对流。熔体流动轨迹示意图如图 2-17 所示。

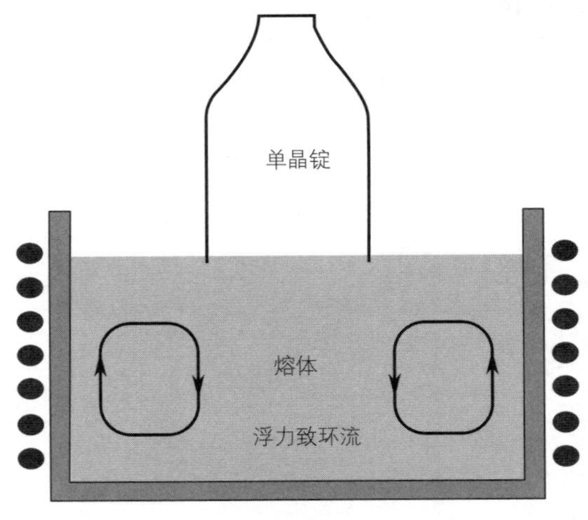

图 2-17　熔体流动轨迹示意图

在单晶炉上附加磁场可以提高熔体对流的临界瑞利数，抑制熔体对流。减少杂质对单晶体的渗入，维持单晶硅锭的生长环境稳定，硅锭表面不会出现条纹，晶体均匀性好。因此磁控直拉法能生长无氧、高阻、均匀性好的大直径单晶硅，MCZ 单晶炉的内部结构如图 2-18 所示。

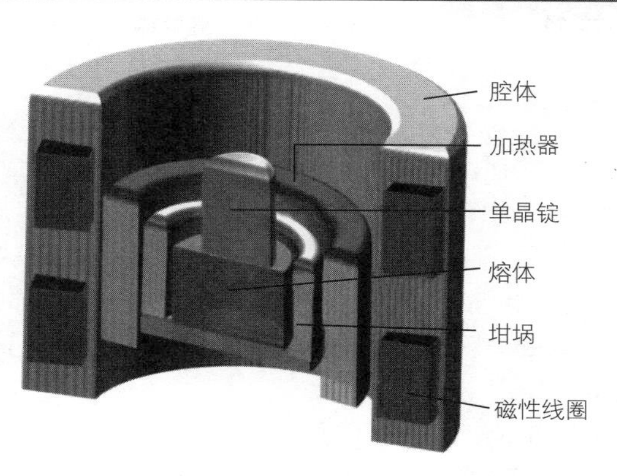

图 2-18　MCZ 单晶炉的内部结构

磁控直拉法单晶炉上磁场和硅锭轴向所成角度对晶体质量有较大影响。磁控直拉法单晶炉可有多种磁场分布方式，如图 2-19 所示。

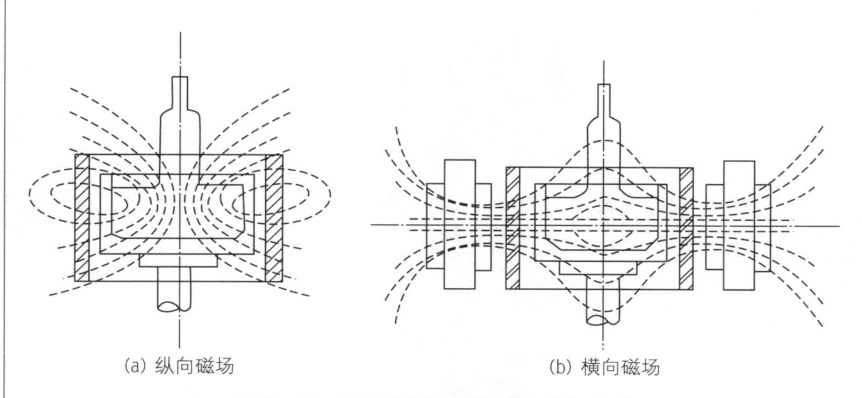

图 2-19　MCZ 单晶炉的磁场分布方式

磁控直拉法设备较直拉法设备复杂得多，造价也高得多，强磁场的存在使得生产成本也大幅提高。因此，磁控直拉技术刚出现时并未受到重视，但随着硅片直径的不断增大，坩埚内熔体强对流造成的危害也越来越严重，磁控直拉法对熔体自然对流的抑制作用的优势也凸显出来。目前，磁控直拉法在生产高品质大直径硅锭上已成为主要方法。

2.3.3 悬浮区熔法

20 世纪 50 年代初，Keck 和 Theurer 等人分别提出了悬浮区熔法（Floating Zone Method，简写为 FZ 法）。在悬浮区熔法中，使圆柱形硅棒固定于垂直方向，用高频感应线圈在氩气气氛中加热，使棒的底部和在其下部靠近的同轴籽晶间形成熔滴，这两个棒朝相反方向旋转。然后将在多晶棒与籽晶间只靠表面张力形成的熔区沿棒长逐步向上移动，将其转换成单晶。

FZ 法利用高频感应线圈对多晶锭逐段熔化，在多晶锭下端装置籽晶，熔区从籽晶和多晶锭界面开始，当熔区推进时，单晶锭也拉制成功了。该方法早期是作为一种硅的提纯技术被提出的，随后这种技术就被应用到单晶生长中，逐渐发展成为制备高纯度硅单晶的重要方法。FZ 法的原理如图 2-20 所示。

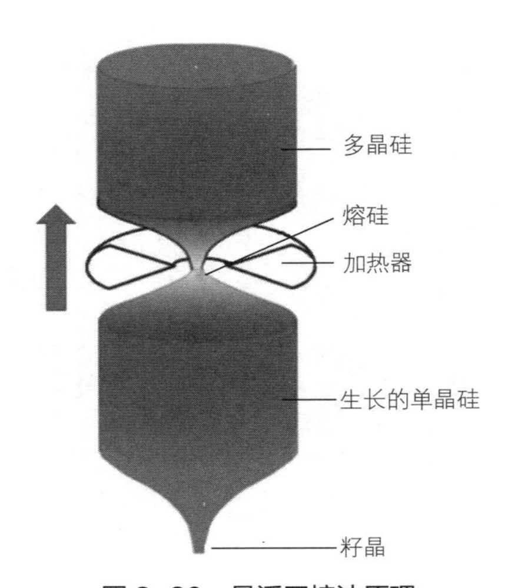

图 2-20　悬浮区熔法原理

悬浮区熔法是一种无坩埚的硅单晶生长方法。悬浮区熔法装置示意图如图 2-21 所示。

区熔法为确保单晶硅沿着所需晶向生长，也采用所需晶向的籽晶作为种子。区熔法的晶体掺杂主要采用气相掺杂方法，也可以采用芯体掺杂方法，即在多晶锭中先预埋掺有一定剂量杂质的芯体，在熔区中杂质扩散到整个区域，从而掺入单晶硅中。

区熔硅主要是应用在电力电子领域，作为电力电子器件的衬底材料，如普通晶闸管、功率场效应晶体管、功率集成电路等。另外，也可以采用区熔法对直拉法制备的硅锭进行进一步的提纯。

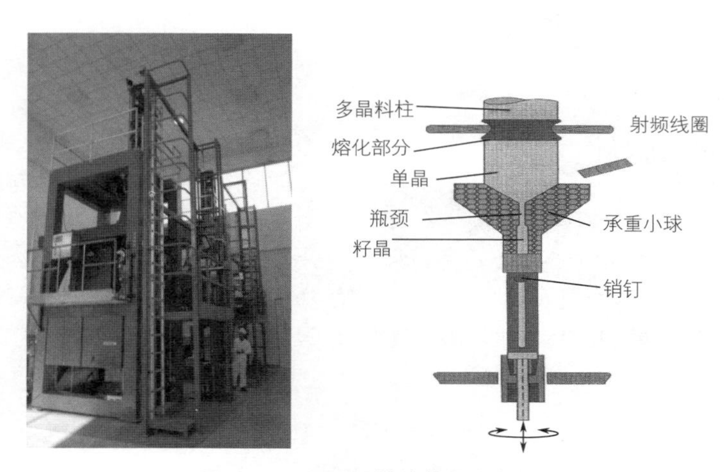

图 2-21　悬浮区熔法装置示意图

2.4　切制硅片

单晶硅锭需要经过切片、磨片、滚圆、倒角、抛光和检验等工艺，才能将其制备成集成电路使用的衬底材料——硅片。

2.4.1　切片工艺

制备好的单晶硅锭经切片加工得到硅片。切片工艺流程为切断→滚磨→定晶向→切片→倒角→研磨→腐蚀→抛光→清洗→检验。主要流程的示意图如图 2-22 所示。

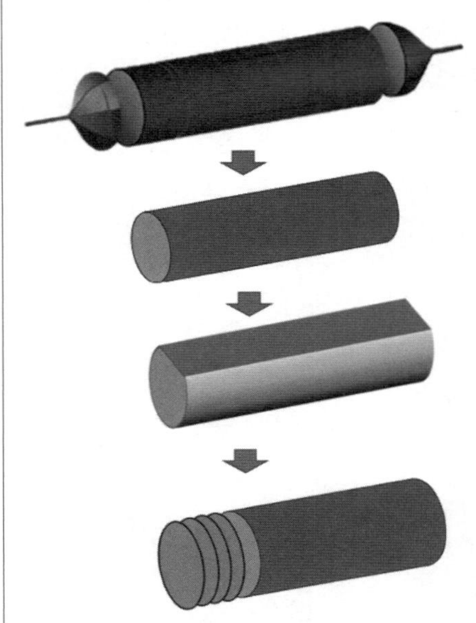

图 2-22　单晶硅锭切片的主要流程示意图

各主要工艺的具体内容如下。

切断：利用内圆切割机或者线切割机，切除单晶硅锭的头部、尾部及超规格部分，将单晶硅锭分段成切片设备可以处理的长度。

滚磨：利用磨床的外径滚磨可以获得较为精确的直径。

定晶向：将滚磨后的硅锭进行平边或 V 形槽处理，采用 X 射线衍射方法确定晶向。硅片主要晶向和掺杂类型的定位平边（定位面）形状如图 2-23 所示。对于较大的硅锭则是在其侧面磨出一个 V 形槽。

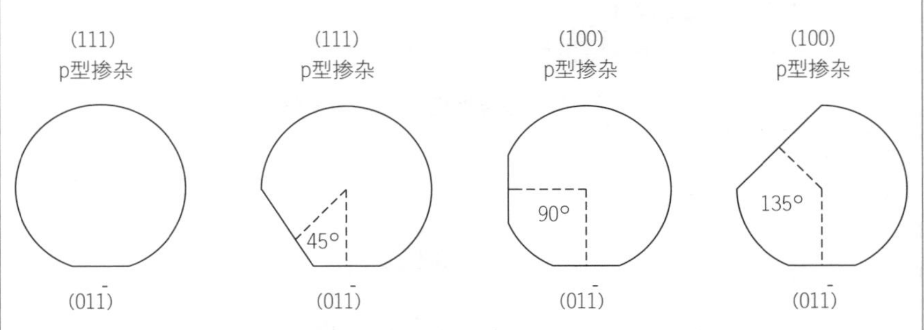

图 2-23　硅片主要晶向和掺杂类型的定位平边形状

切片：利用内圆切割机或线切割机，以主平边为基准，将硅锭切成具有精确几何尺寸的薄晶片。（111）、（100）硅片的切片偏差小于 ±1°，而外延用（111）硅片应偏离晶向 3° ±0.5°切片。

倒角：利用倒角机将切割好晶片的锐利边修整成圆弧形，以减少晶片边缘的破裂及晶格缺陷的产生。

研磨：通过研磨机研磨除去切片造成的硅片表面锯痕，以及由此带来的表面损伤层，能有效改善硅片的曲度、平坦度和平行度，达到一个抛光过程可以处理的规格。

抛光：利用抛光机结合抛光液，去除晶片表面的微缺陷，改善表面光洁度，获得高平坦度的抛光面。抛光加工通常先进行粗抛，以去除损伤层，一般去除量为 10 ~ 20μm；然后再精抛，以改善晶片表面的微粗糙度，一般去除量在 1μm 以下。

2.4.2　硅片规格及用途

微电子芯片生产厂家一般是直接购买硅片作为衬底材料，所生产的芯片用途不同、品种不同，选用的硅片规格也就不同。硅片规格有多种分类方法，可以按照硅片直径、单晶生长方法、掺杂类型等参量和用途来划分种类。

（1）按硅片直径划分

硅片直径主要有 3 英寸、4 英寸、6 英寸、8 英寸、12 英寸（300 mm），目前已发展到 18 英寸（450mm）等规格。直径越大，在一个硅片上经一次工艺循环可制作的集成电路芯片数就越多，每个芯片的成本也就越低。

（2）按单晶生长方法划分

直拉法制备的单晶硅，称为 CZ 硅（片）；磁控直拉法制备的单晶硅，称为 MCZ 硅（片）；悬浮区熔法制备的单晶硅，称为 FZ 硅（片）；用外延法在单晶硅或其他单晶衬底上生长的硅外延层，称为外延硅（片）。

实际生产中是从成本和性能两方面考虑所需硅片的生产方法和规格的，当前仍是直拉法单晶硅材料应用最为广泛。

（3）按掺杂类型等参量划分

按晶向划分硅片，有 [100] 型、 [110] 型和 [111] 型硅片。

按掺杂类型划分硅片，有 n 型和 p 型硅片。

（4）按用途划分

硅片作为微电子产品的衬底，按照其用途来划分规格也是常用方法，如有二极管级硅片、集成电路级硅片、太阳能电池级硅片等。

2.5 硅片的缺陷

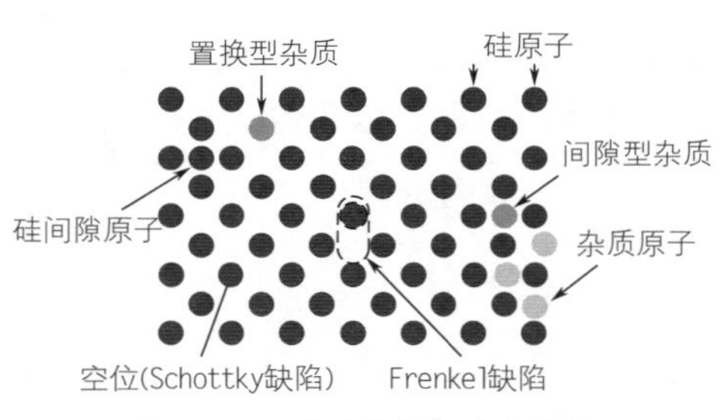

图 2-24 硅片中的各类点缺陷

硅片的缺陷主要包括点缺陷、线缺陷、面缺陷和体缺陷。

典型的点缺陷主要包括肖特基（Schottky）缺陷和弗仑克尔（Frenkel）缺陷以及各类杂质原子，如图 2-24 所示。

硅片的线缺陷主要是各种类型的位错。而位错的产生原因：一是籽晶本身带有的位错，二是晶面与晶面之间产生相对移动。位错会引起晶格畸变，晶体内形成应力场，容易聚集杂质原子，经常是微缺陷形成的核心。典型的位错主要包括刃位错和螺位错，如图 2-25 所示。

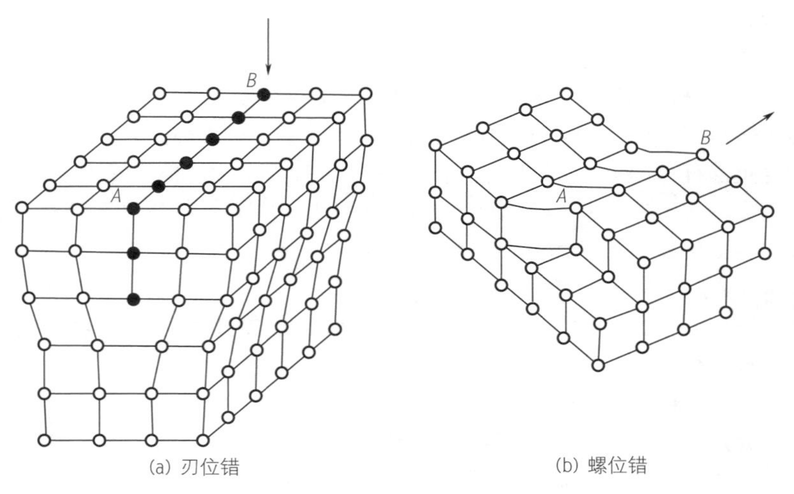

(a) 刃位错　　(b) 螺位错

图 2-25 硅片中的刃位错和螺位错

硅片的面缺陷主要为层错，而层错则是由于堆积次序发生错乱引起密堆积晶体结构破坏。层错的示意图如图 2-26 所示。

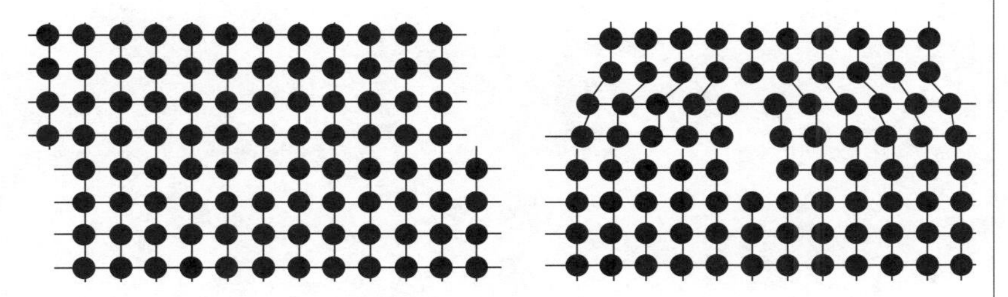

图 2-26　两种层错示意图

硅单晶的体缺陷主要是各类杂质的堆积，形成单晶体内的孔洞等。

氧化

3.1　二氧化硅的结构
3.2　二氧化硅的物理化学性质
3.3　二氧化硅在集成电路中的作用
3.4　硅的热氧化

通常的氧化工艺主要是指热氧化单项工艺，是在高温、氧（或水汽）气氛条件下，衬底硅被氧化生长出所需厚度二氧化硅薄膜的工艺。

热氧化工艺制备二氧化硅薄膜需要消耗衬底硅，工艺温度高，通常在 900 ~ 1200℃之间，是一种本征生长氧化层方法。在集成电路工艺中，二氧化硅是最重要的介质薄膜，而制备二氧化硅薄膜的方法有多种，除了热氧化方法之外，还有化学气相沉积、物理气相沉积等方法。热氧化方法制备的氧化层致密，与硅之间的相容性好，在氧化层 / 硅界面硅晶格完好，这也是硅能成为最主要集成电路芯片衬底的原因之一。

硅表面总是覆盖着一层二氧化硅膜，即使刚刚解理的硅也是如此。硅在空气中一旦暴露，立即就生长出几个原子层厚的氧化膜，厚度为 15 ~ 20Å（1Å =0.1nm），然后逐渐增长至 40Å左右停止。该氧化膜具有良好的化学稳定性和电绝缘性。

3.1 二氧化硅的结构

二氧化硅（SiO_2）是自然界中广泛存在的物质，按其结构特征可分为结晶形和非结晶形（无定形），其结构如图 3-1 所示。

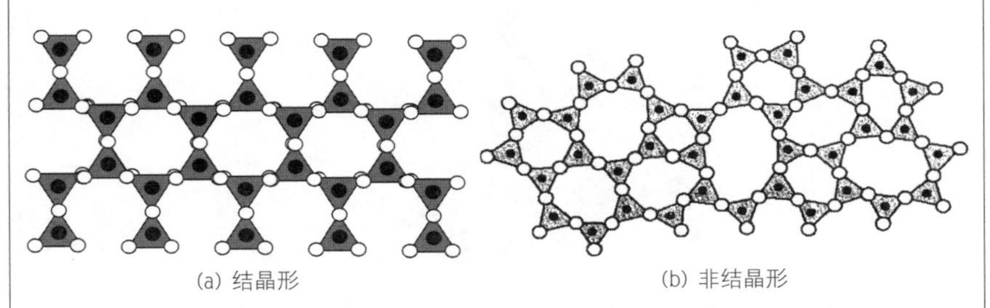

(a) 结晶形　　(b) 非结晶形

图 3-1 结晶形二氧化硅和非结晶形二氧化硅

二氧化硅的基本结构单元为 Si—O 四面体网络状结构，四面体中心为硅原子，4 个顶角上为氧原子。连接两个 Si—O 四面体的氧原子称桥联氧原子，只与一个四面体相连接的氧原子称非桥联氧原子，如图3-2和图 3-3 所示。

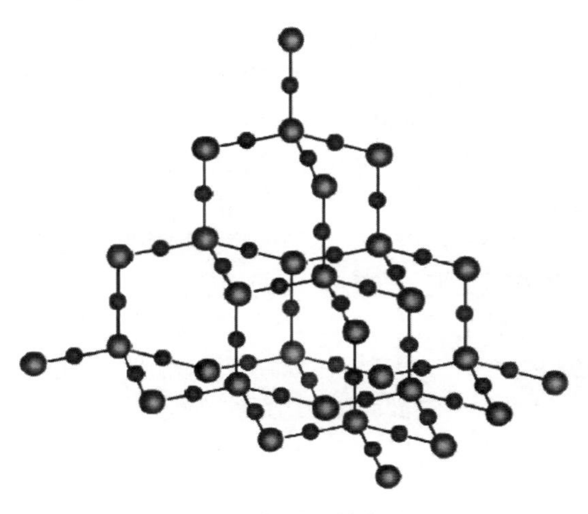

图 3-2　二氧化硅的基本结构单元

石英晶体是结晶态二氧化硅，氧原子都是桥联氧原子，如图 3-3 所示是石英晶体结构。

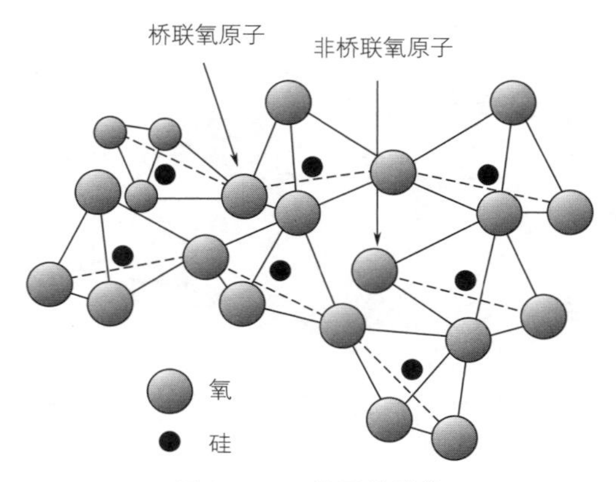

图 3-3　石英晶体结构

另一种二氧化硅结构为非晶态二氧化硅薄膜，该结构的氧原子多数是非桥联氧原子，属于长程无序结构。

3.2 二氧化硅的物理化学性质

二氧化硅的物理化学性质稳定，不溶于水，也不和水反应。

其典型的物理性质如下：

① 石英晶体熔点为1732℃，而非晶态的二氧化硅薄膜无熔点，软化点为1500℃；

② 热胀系数为 0.5×10^{-6}/℃；

③ 电阻率与制备方法及所含杂质有关，高温干氧方法制作的氧化层电阻率可达 $10^{16}\Omega\cdot cm$，一般情况下在 10^{7} ~ $10^{15}\Omega\cdot cm$ 之间；

④ 密度是 SiO_2 致密程度的标志，密度大意味着致密程度高，为2 ~ 2.2g/cm^3；

⑤ 介电常数为3.9，介电强度为100 ~ 1000 V/μm；

⑥ 折射率在1.33 ~ 1.37之间。

二氧化硅的化学性质不活泼，是酸性氧化物。它不与除氟、氟化氢（氢氟酸）以外的卤素、卤化氢以及硫酸、硝酸、高氯酸作用。氟化氢（氢氟酸）是唯一可使二氧化硅溶解的酸，生成易溶于水的氟硅酸。二氧化硅和热的强碱溶液或熔融的碱反应生成硅酸盐和水，和多种金属氧化物在高温下反应生成硅酸盐。其化学反应如图3-4所示。

1. 与酸的反应:

$$SiO_2+4HF = SiF_4+2H_2O$$

$$SiF_4+2HF = H_2[SiF_6]\text{六氟硅酸(络合物)}$$

2. 与碱的反应:

$$SiO_2+2NaOH = Na_2SiO_3+H_2O$$

3. 与Al的反应:

$$4Al+3SiO_2 = 2Al_2O_3+3Si$$

图3-4 二氧化硅的化学反应

3.3 二氧化硅在集成电路中的作用

二氧化硅薄膜在现代硅基微电子芯片制造中起着十分关键的作用。二氧化硅能阻挡硼、磷等杂质向硅中扩散，可用于实现制造硅芯片的平面工艺。其作用主要体现在以下4个方面：

① 利用二氧化硅对某些杂质的掩蔽作用，结合光刻工艺，就可以进行选择性地掺杂，制造出半导体器件和集成电路。在高温下，杂质沿着硅片表面上刻出来的窗口向晶体内部扩散，同时在二氧化硅表面也进行扩散，但是杂质在二氧化硅中的扩散速率远小于其在硅中的扩散速率，所以当杂质已扩散到晶片内部形成 pn 结时，在二氧化硅中的扩散深度却很小，且无法穿透二氧化硅层。这样，二氧化硅膜就选择性地阻挡了杂质的扩散，起到了掩蔽的效果。

二氧化硅膜的掩蔽作用是有限制的，不是绝对的。因为随着温度升高，扩散时间延长，杂质也有可能扩散穿透二氧化硅膜层，使掩蔽失效。

② 在硅表面生长一层二氧化硅膜，可以保护硅表面和 pn 结的边缘不受外界影响，从而提高器件的稳定性和可靠性。同时，在制造过程中，可防止器件表面或 pn 结受到机械损伤和杂质沾污。另外，有了这一层薄膜，就将硅片表面和 pn 结与外界气氛隔开，消除了外界气氛对硅的影响，起到钝化作用。

值得注意的是，钝化的前提是膜层的质量要好，如果二氧化硅膜层中含有大量的钠离子或针孔，不但起不到钝化作用，反而会造成器件的不稳定。

③ 介质隔离是集成电路中常用的一种隔离方式，介质隔离中的介质就是二氧化硅。因为二氧化硅介质隔离的漏电流很小，岛与岛之间的隔离电压较大，寄生电容较小。因此，在集成电路中，通常采用二氧化硅来作为隔离介质，但其工艺较复杂，应用还不够广泛。

④ 作为元器件的组成部分。做 MOS 场效应晶体管的绝缘栅材料，作为电压控制型器件，栅极（控制极）下面是一层高致密的 SiO_2 薄层。

二氧化硅的主要应用如图 3-5 所示。

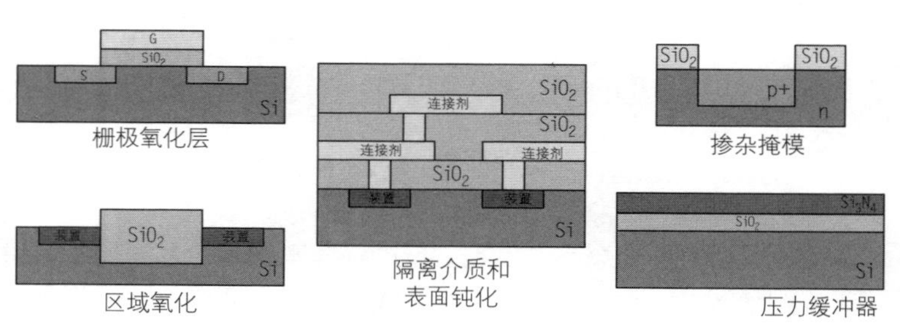

图 3-5　二氧化硅的典型应用

3.4　硅的热氧化

热氧化法制备的二氧化硅（SiO_2）质量好，具有较高的化学稳定性及工艺重复性，且其物理性质和化学性质受工艺条件波动的影响小。

3.4.1　热氧化的反应原理

热氧化的反应原理如图 3-6 所示。

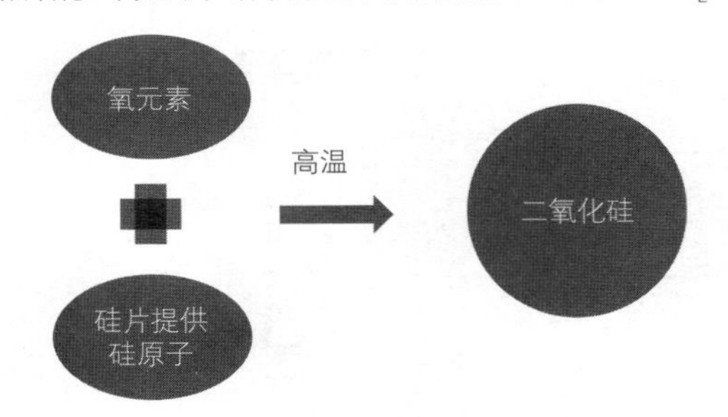

图 3-6　热氧化的反应原理示意图

热氧化法生长二氧化硅的条件为：

① 高温：900 ~ 1200℃；

② 氧化剂：水或者氧气。

热氧化法的特点为：工艺简单、操作方便、氧化膜质量好、膜的稳定性和可靠性好，还能降低表面悬挂键，很好地控制界面陷阱和固定电荷。

热氧化法的反应方程式和效果如图 3-7 所示。

热氧化工艺的设备主要有水平式和直立式两种。6 英寸以下的硅片大多采用水平式氧化炉，8 英寸以上的大尺寸硅片都采用直立式氧化炉。直立式氧化炉的结构如图 3-8 所示。

与水平式氧化炉系统相比，直立式氧化炉的优点是利用了气体的向上热流性，使得氧化的均匀性比水平式的要好，同时它体积小、占地面积小，可以节省净化室的空间。

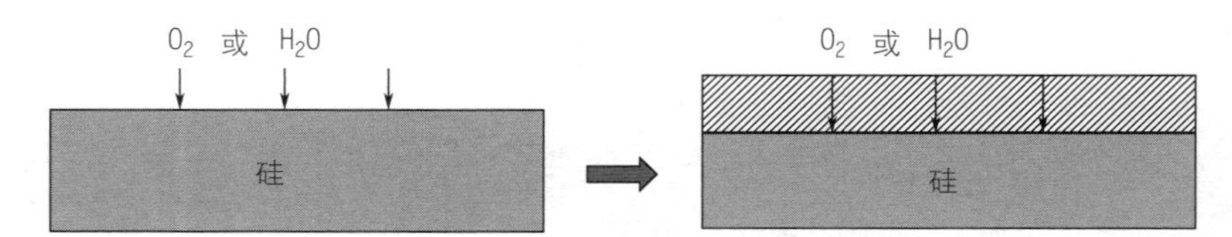

图 3-7　热氧化法的反应方程式和效果示意图

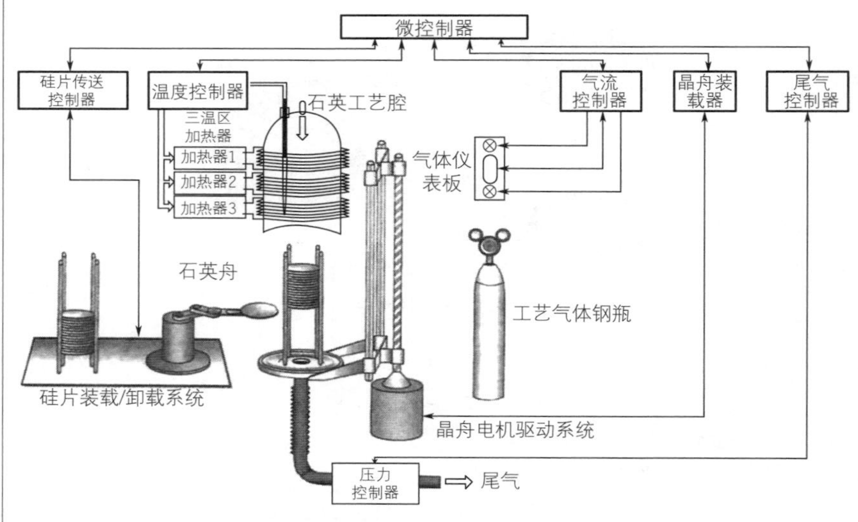

图 3-8　直立式氧化炉的结构图

常用的热氧化装置——高温氧化炉，其结构如图3-9所示（水平式），主要包括炉体、加热控温系统、石英炉管和气体控制系统。开槽的石英舟放在石英炉管中，硅片垂直插在石英舟的槽内。气源用高纯干燥氧气或高纯水蒸气。炉管的装片端置于垂直层流罩下，罩下保持着经过滤的空气流，在氧化过程中，要防止杂质沾污和金属污染。为了减小人为因素的影响，现代 IC 制程中热氧化过程都采用自动控制。

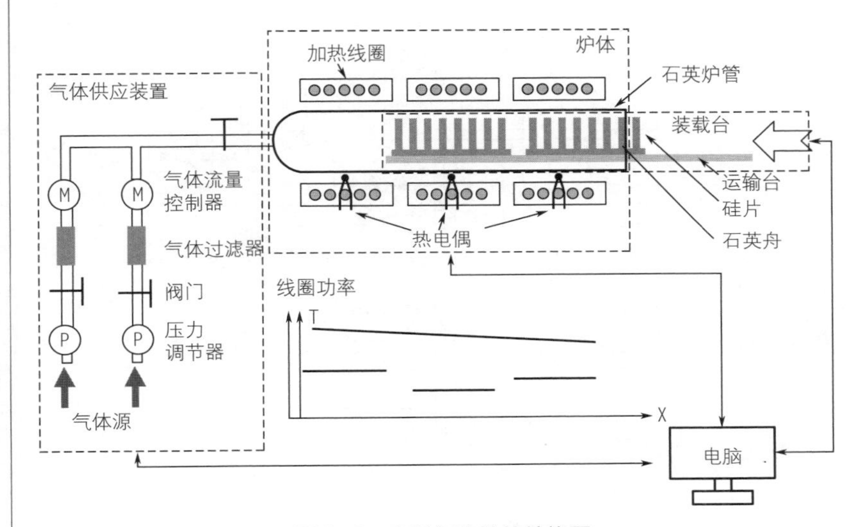

图 3-9　高温氧化炉的结构图

将硅片置于用石英玻璃制成的炉管中，炉管用加热线圈加热到一定温度，氧气或水汽通过炉管时，在硅片表面发生化学反应生成 SiO_2 层，其厚度一般在几十到上万埃（Å）之间。

3.4.2　常用的硅热氧化工艺

常用的硅热氧化工艺，按所用的氧化气氛可分为 3 种：干氧氧化法、水汽氧化法和湿氧氧化法。

（1）干氧氧化法

干氧氧化是以干燥纯净的氧气作为氧化气氛。生长机理是在高温下，当氧气与硅片接触时，氧分子与其表面的 Si 原子反应生成 SiO_2 层，反应式见图 3-7。

氧化层增长过程是氧分子扩散穿过已生成的 SiO_2 层，运动到达 Si/SiO_2 界面进行反应的过程。

干氧氧化的优点：氧化层结构致密，均匀性和重复性好，掩蔽能力强。不足之处是干氧氧化的生长速率慢，不适合厚氧化层的生长，如图3-10所示。

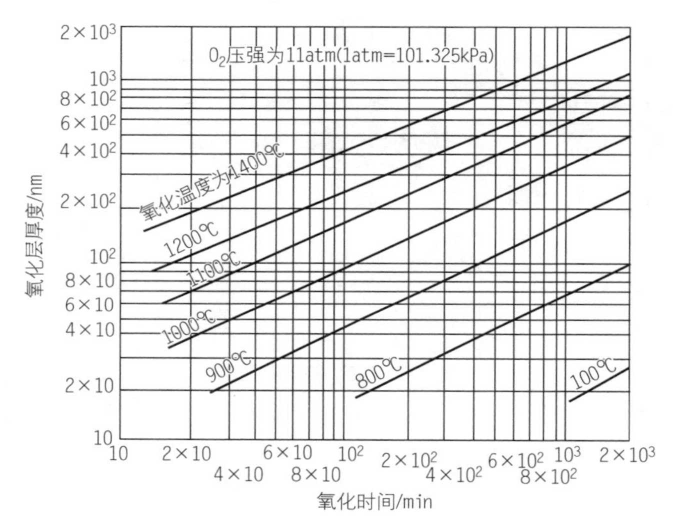

图3-10　硅干氧氧化层厚度与氧化时间的关系

（2）水汽氧化法

水汽氧化是以高纯水蒸气或直接通入的氢气与氧气为氧化气氛，生长机理是在高温下，由硅片表面的硅原子和水分子反应生成 SiO_2 层，其反应式见图3-7。

实践表明：水汽氧化由于水汽参与氧化反应，因此其氧化速率快，但同时由于水汽的进入，使得氧化层结构疏松，质量不如干氧氧化好。

解决措施：经过吹干氧（或干氮）热处理，硅烷醇可分解为硅氧烷结构，并排除水分。

水汽氧化所需要的水汽可由高纯去离子水气化或者是氢气与氧气直接燃烧化合而成。

（3）湿氧氧化法

湿氧氧化是让氧气在通入反应室之前先通过加热的高纯去离子水，使氧气中携带一定量的水汽。所以湿氧氧化兼有干氧氧化和水汽氧化两种氧化作用，氧化速率和氧化层质量介于两者之间。氧气流量越大，水温越高，则水汽含量越大。如果水汽含量很小，二氧化硅的生长速率和质量接近于干氧氧化情况，反之，就接近于水汽氧化。湿氧氧化的设备结构如图 3-11 所示。

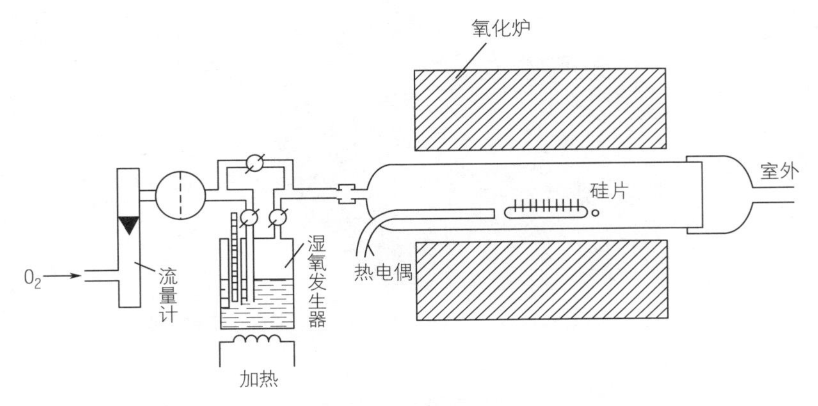

图 3-11 湿氧氧化的设备结构图

3.4.3 热氧化工艺流程

实际热氧化工艺多是采用干、湿氧交替的方法进行，如图 3-12 所示。干、湿氧交替进行的目的就是获得表面致密、针孔密度小、表面干燥、适合光刻的氧化膜，同时又能提高氧化速率，缩短氧化时间。

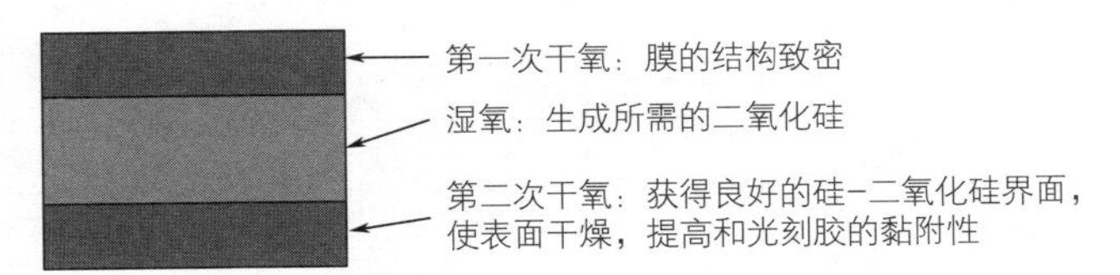

图 3-12 实际热氧化工艺的干 - 湿 - 干氧化工艺

热氧化工艺流程一般遵循：洗片→升温→生长→取片 4 个主要步骤。热氧化是通过扩散与化学反应来完成的。氧化实际上是在 Si/SiO_2

界面进行的，氧化反应由硅片表面向硅片纵深依次进行，硅被消耗，所以硅片变薄，氧化层增厚。如图 3-13 所示为 SiO_2 生长过程中界面位置的变化情况示意图。

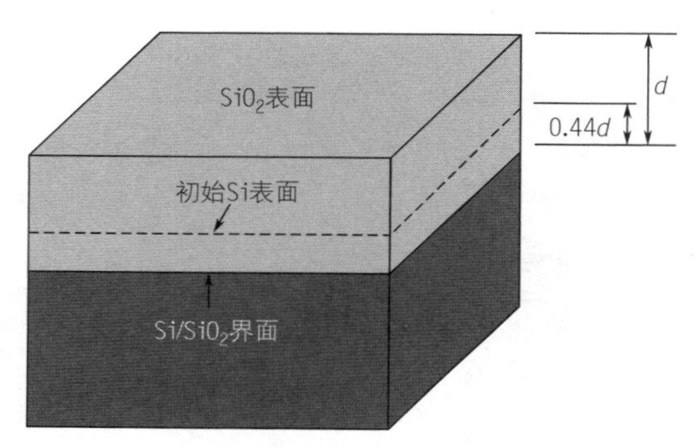

图 3-13　Si/SiO_2 界面在 SiO_2 生长过程中的变化情况

从图中可以看到，生长 1μm 厚的二氧化硅约消耗 0.44μm 厚的硅，由生长的二氧化硅薄膜厚度 d_{SiO_2}，就能知道消耗的硅的厚度 d_{Si}。氧化反应始终发生在 Si/SiO_2 界面处，即发生反应的硅来自硅的表面，随着反应的进行，硅表面的位置向硅内移动。这样氧化剂中的污染物留在二氧化硅的表面。

典型的干氧氧化工艺参数如表 3-1 所示。

表 3-1　干氧氧化工艺参数

步骤	时间 /min	温度 /℃	N_2 净化气 /slm	N_2/slm	工艺气体 O_2/slm	工艺气体 HCl/sccm	注释
0		850	8.0	0	0	0	待机状态
1	5	850		8.0	0	0	装片
2	7.5	升温速率 20℃ /min		8.0	0	0	升温
3	5	1000		8.0	0	0	温度稳定
4	30	1000		0	2.5	0	干氧氧化

续表

步骤	时间 / min	温度 /℃	N_2 净化气 /slm	N_2/ slm	工艺气体 O_2/slm	工艺气体 HCl/sccm	注释
5	30	1000		8.0	0	0	退火
6	30	降温速率 5℃ /min		8.0	0	0	降温
7	5	850		8.0	0	0	卸片
8		850		8.0	0	0	待机状态

注：1slm 为标准状态下 1L/min 的流量，1sccm 为标准状态下 1mL/min 的流量。标准状态为 1 个大气压，25℃。

3.4.4 热氧化规律

当 T>1000℃时，

$$t_{ox}^2=B(t+\tau)$$

此时氧化膜厚度与时间呈抛物线关系，B 称为抛物线速率常数。

当 T<1000℃时，

$$t_{ox}=\frac{B}{A}(t+\tau)$$

此时氧化膜厚度与时间呈线性关系，B/A 称为线性速率常数。

一般氧化温度均大于 1000℃，所以氧化主要呈现抛物线规律。

不同条件下的硅热氧化速率如表 3-2 所示。

表 3-2 不同条件下的硅热氧化速率

形式	温度 /℃	A/μm	B/（μm²/min）	B/A/（μm/min）	τ/min
干氧氧化	1200	0.04	7.5×10^{-4}	1.87×10^{-2}	1.62
	1100	0.09	4.5×10^{-4}	0.50×10^{-2}	4.56
	1000	0.165	1.95×10^{-4}	0.118×10^{-2}	22.2
	920	0.235	0.82×10^{-4}	0.0347×10^{-2}	84
湿氧氧化	1200	0.05	1.2×10^{-2}	2.4×10^{-1}	0

续表

形式	温度 /℃	A/μm	B/（$μm^2$/min）	B/A/（μm/min）	τ/min
湿氧氧化	1100	0.11	0.85×10^{-2}	0.773×10^{-1}	0
	1000	0.226	0.48×10^{-2}	0.211×10^{-1}	0
水汽氧化	1200	0.017	1.457×10^{-2}	8.7×10^{-1}	0
	1100	0.083	0.909×10^{-2}	1.09×10^{-1}	0
	1000	0.335	0.520×10^{-2}	0.148×10^{-1}	0

3.4.5 其他氧化方式

其他热氧化方式主要包括高压氧化、掺氯氧化、氢氧合成氧化等。

高压氧化炉炉体和普通水平式反应炉相似，不同的是炉管是密封的，氧化剂被用 10 ～ 25 倍大气压的压力泵入炉管。在这种压力下，氧化温度可降到 300 ～ 700℃而又能保证正常的氧化速率。在这种温度下，硅片的错位生长可降到最小。

高压氧化也是 MOS 栅极氧化的优选工艺之一，因为高压氧化中生成的栅极氧化层比常压下生成的绝缘性要强。高压氧化设备结构如图 3–14 所示。

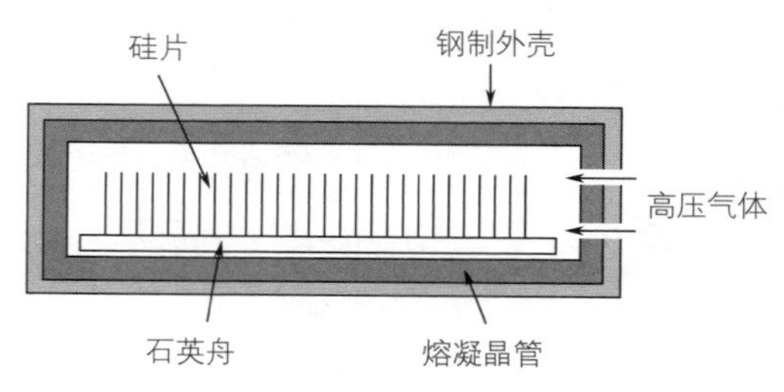

图 3–14　高压氧化设备结构示意图

高压氧化工艺还可以解决在局部氧化（LOCOS）中产生的“鸟嘴效应”问题。

氧化时，当 O_2 扩散穿越已生长的氧化物时，它是在各个方向上扩散的，在纵向扩散的同时也横向扩散，这意味着在氮化物掩模下有着轻微的侧面氧化生长。由于氧化层比消耗的硅更厚，所以在氮化物掩模下的氧化生长将抬高氮化物的边沿。我们称之为“鸟嘴效应”，如图3-15所示。

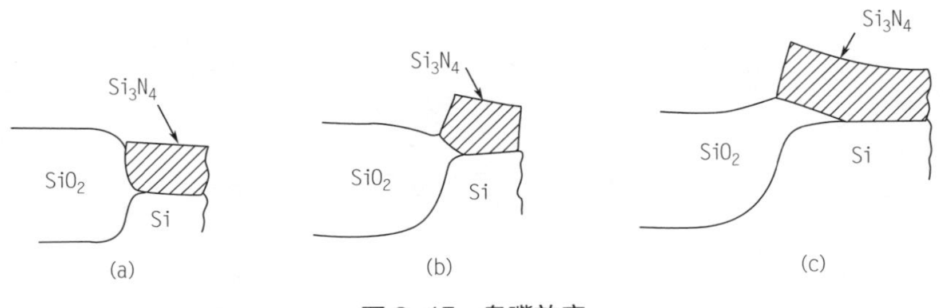

图3-15 鸟嘴效应

掺氯氧化能够有效抑制氧化工艺中的氧化物电荷，其设备示意图如图3-16所示。

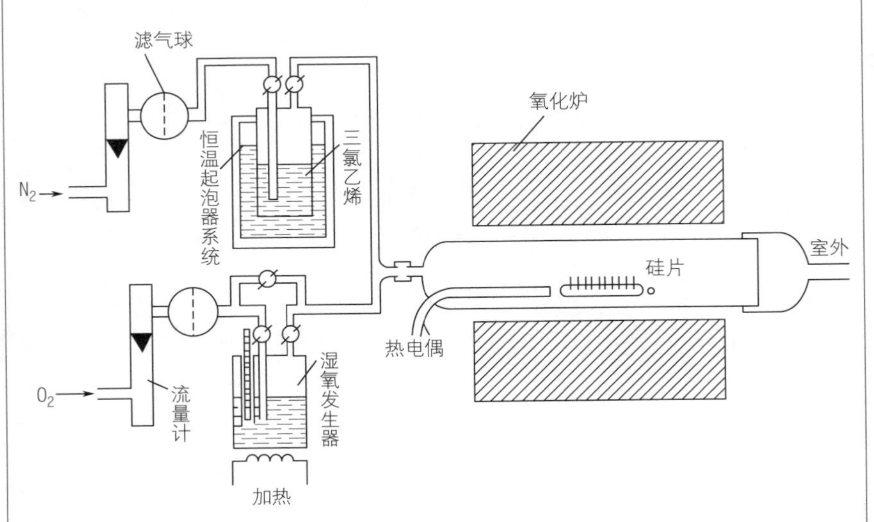

图3-16 掺氯氧化设备示意图

氢氧合成氧化，通过H_2与O_2燃烧生成纯净的水，从而能够有效降低二氧化硅中的 Na 沾污。

$$H_2+O_2 \xlongequal{燃烧} H_2O$$

氢氧合成氧化的设备结构如图 3-17 所示。

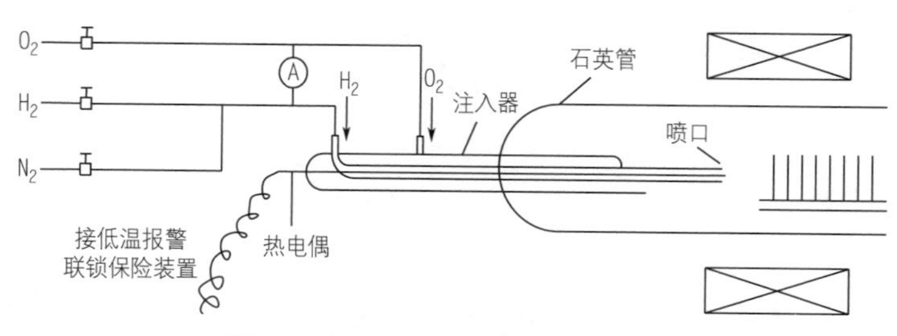

图 3-17　氢氧合成氧化的设备结构

需要特别注意的是，H_2 与 O_2 的比例必须小于 2 ： 1，并时刻注意注入器喷口的温度，以保证在着火点（585℃）以上。

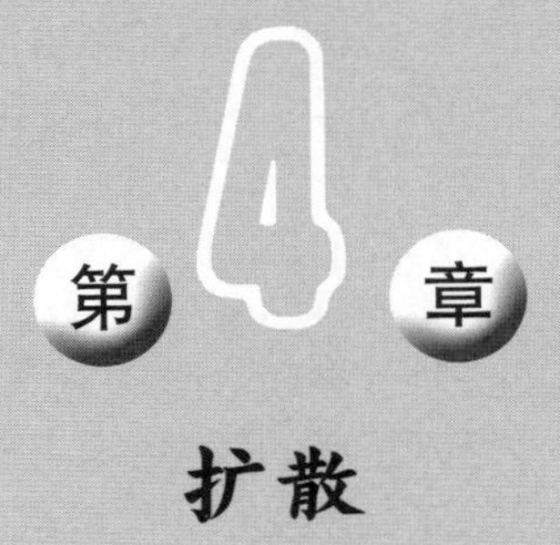

第4章 扩散

4.1　杂质的扩散类型
4.2　扩散系数
4.3　扩散掺杂
4.4　缺陷对扩散的影响
4.5　扩散方式

热扩散法是最早使用也是最简单的掺杂工艺。热扩散是利用高温驱动杂质进入半导体的晶格中，并使杂质在半导体衬底中扩散，这种方法对温度和时间的依赖性很强，于 20 世纪 50 年代开始研究，20 世纪 70 年代进入工业应用阶段，随着 VLSI 超精细加工技术的发展，现已成为各种半导体掺杂和注入隔离的主流技术。

杂质在半导体中的扩散是由杂质浓度梯度或温度梯度（物体中两相的化学势不相等）引起的一种使杂质浓度趋于均匀的杂质定向运动。实际上，引起物质在固体中宏观迁移的原因是粒子浓度不均匀。只有当晶体中的杂质存在浓度梯度时才会产生杂质扩散流，出现杂质移动，温度的高低则是决定杂质粒子跳跃移动快慢的主要因素。

杂质在晶体内扩散是通过一系列随机跳跃来实现的，这些跳跃在整个三维方向上进行。扩散的微观机制有间隙式扩散、替位式扩散和间隙－替位式扩散 3 种。

在高温下，杂质在浓度梯度的驱使下渗透进半导体材料，并形成一定的杂质分布，从而改变导电类型或杂质浓度。

4.1 杂质的扩散类型

4.1.1 替位式扩散

在高温下，晶格原子在格点平衡位置附近振动。基质原子有一定的概率获得足够的能量脱离晶格格点而成为间隙原子，因而产生一个空位。杂质进入晶体后，占据晶格原子的原子空位（空格点），在浓度梯度作用下，向邻近原子空位逐次跳跃前进。每前进一步，均必须克服一定的能量势垒。

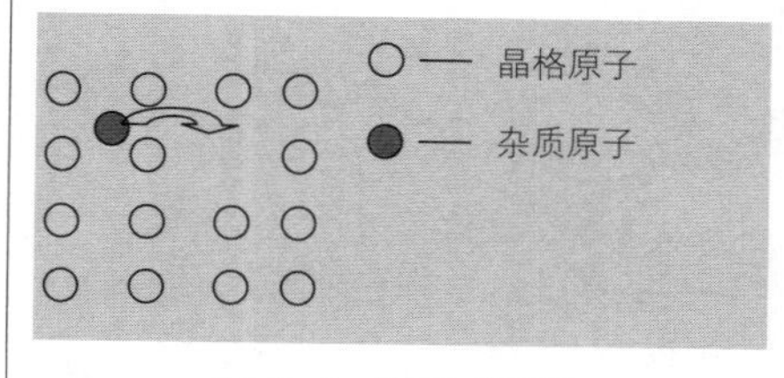

图 4-1　替位式扩散

杂质原子由一个格点跳到相邻的另一个格点，替代原来的晶格原子从而在晶格中移动，如图 4-1 所示，为此，要求相邻的位置必须是空位。另外，也可能是杂质原子通过把它最邻近的替代原子推到邻近的间隙位置，并占据由此产生的空位来移动。总之，产生替位式扩散必须存在空位。

对于替位式扩散，杂质进入半导体后占据正常的晶格格点，主要是沿着空位向内部扩散。

对替位式杂质来说，在晶格位置上势能相对最低，在间隙处势能相对最高，如图 4-2 所示是替位式扩散势能曲线。替位式杂质要从一个晶格格点位置运动到相邻的格点位置上，必须要越过一个能量势垒，势垒高度为 W_s。

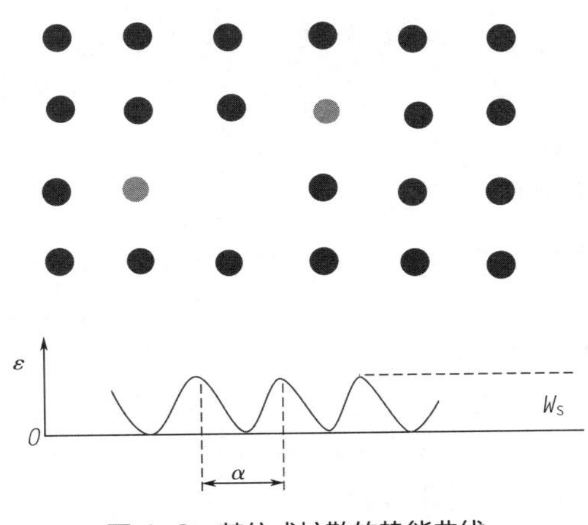

图 4-2　替位式扩散的势能曲线

替位式杂质运动的实现条件：首先要在近邻出现空位，同时还要依靠热涨落获得大于势垒高度 W_s 的能量。因此替位式杂质的运动是与温度密切相关的。

替位式杂质，主要是 III 和 V 族元素，具有电活性，在硅中有较高的固溶度。它们多数以替位式方式进行扩散，扩散速率慢，称为慢扩散杂质，如 Al、B、Ga、In、P、Sb、As。

实际上，晶体中空位的平衡浓度相当低，替位式扩散速率也就比间隙式低得多，室温下替位式杂质的跳跃约每 10^{45} 年发生一次。

4.1.2 间隙式扩散

存在于晶格间隙的杂质称为间隙式杂质。间隙式杂质从一个间隙位置到相邻间隙位置的运动称为间隙式扩散。实验结果表明，以间隙形式存在于硅中的杂质，主要是那些半径较小的杂质原子，它们在硅晶体中的扩散运动是以间隙方式进行的，如杂质进入晶体后，仅占据晶格间隙，如图 4-3 所示。

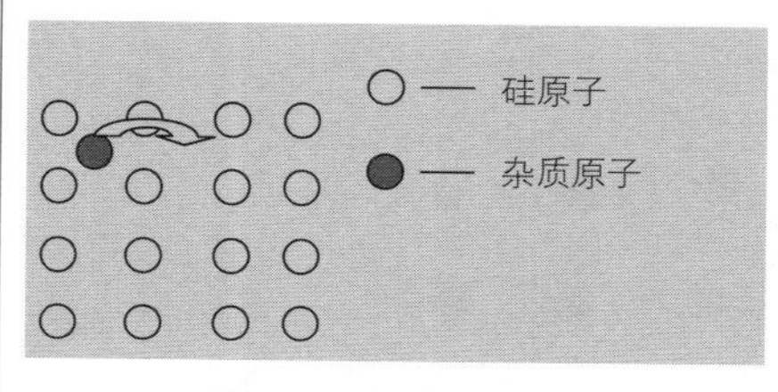

图 4-3 间隙式扩散

在间隙式扩散中，杂质进入半导体后从一个晶格间隙跃迁到另一个晶格间隙，逐渐向衬底内部扩散。

间隙式杂质每前进一个晶格间距，均必须克服一定的能量势垒。杂质原子的间隙式扩散是挤开交错的压缩区，从一个空隙跳到另一个空隙，势垒也就具有周期性。由此势垒的高度和晶格振动频率可以得到室温下的跳跃速率，约每分钟一次，远大于替位式的跳跃速率。

间隙式杂质扩散势能曲线如图 4-4 所示。间隙式杂质在晶格间隙位置上的势能相对极小，相邻的两个间隙之间，对间隙式杂质来讲是势能极大位置，即间隙式杂质要从一个晶格间隙位置运动到相邻的间隙位置上，也必须越过一个能量势垒（势垒高度为 W_i=0.6 ~ 1.2eV），这一点是和替位式杂质相同的，但势能高低位置两者刚好相反。

间隙式杂质主要是 I 和 VIII 族元素，如 Na、K、Li、H、Ar 等。它们通常无电活性，在硅中以间隙式方式进行扩散，扩散速率快。

4.1.3 间隙 – 替位式扩散

许多杂质既可以以替位式也可以以间隙式扩散方式存在于晶体的晶格中，并通过这两类杂质的联合移动来扩散。一个替位原子可能离解成一个间隙原子和一个空位，所以这两种扩散总是相互关联的。这类扩散杂质的跳跃速率随晶格缺陷浓度、空位浓度和杂质浓度的增加而迅速增加。

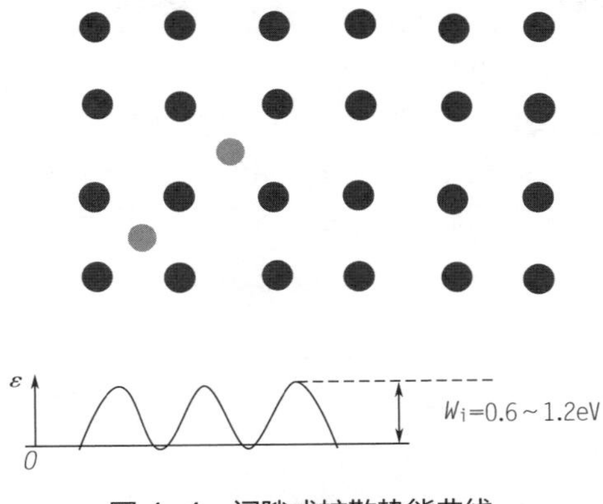

图 4-4　间隙式扩散势能曲线

间隙－替位式杂质大多数为过渡元素，如 Au、Fe、Cu、Pt、Ni、Ag 等，都以间隙－替位式方式扩散，最终位于间隙和替位这两种位置上。间隙－替位式杂质扩散速率快，比替位式杂质快五六个数量级，因此，被称为快扩散杂质，但在硅中的固溶度小于替位式杂质。

4.2　扩散系数

扩散系数(Diffusion Coefficient)D 是描述扩散速率的重要物理量，它相当于浓度梯度为 1 时的扩散通量，表示一种物质在另一种物质中扩散运动的速度的大小，D 越大，扩散移动的速度越快。在替位原子的势能曲线和一维扩散模型基础上，推导扩散粒子流密度 $J(z, t)$ 的表达式，进而可以得到扩散系数。

扩散系数的表示式为：

$$D=D_0 e^{\left(\frac{-E_a}{K_0 T}\right)}$$

式中，D_0 为表观扩散系数；E_a 为激活能，eV。

利用间隙原子势能曲线可以得到统一形式的结果。

只不过对间隙原子扩散模型来说，E_a 是杂质原子从一个间隙位置移动到另一个间隙位置所需的能量，在硅和砷化镓中，E_a 值均在 0.5 ~ 1.5eV 之间。对替位原子扩散模型来说，E_a 是杂质原子运动所需能量和形成空位所需能量之和，因此替位扩散的 E_a 一般在 3 ~ 5eV 之间，比间隙原子扩散的 E_a 要大。

常用的 p 型杂质为铝、镓、硼，其在硅中的扩散系数依次由大到小。常用的 n 型杂质为磷、砷，磷在硅中的扩散系数比砷大。杂质的扩散系数与温度具有一定的关系，不同杂质的扩散系数 – 温度曲线如图 4–5 所示。

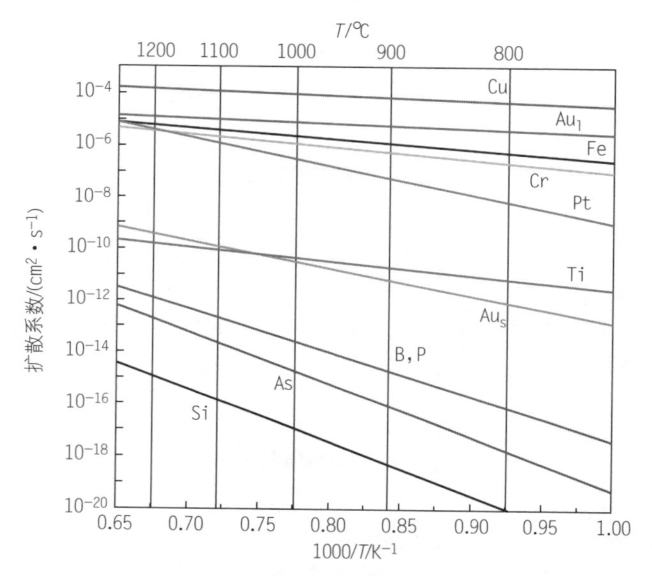

图 4–5　不同杂质的扩散系数 – 温度曲线

表 4–1 列出了几种杂质在硅 <111> 晶面中 E_a 的实验值及其适用温度。

表 4–1　不同杂质的 E_a 实验值

杂质	E_a/eV	适用温度	杂质	E_a/eV	适用温度
P	3.69	950 ~ 1235	B	3.69	950 ~ 1275
As	3.56	1095 ~ 1381	Al	3.47	1080 ~ 1375
Sb	3.95	1095 ~ 1380	In	3.9	1105 ~ 1360

续表

杂质	E_a/eV	适用温度	杂质	E_a/eV	适用温度
Ga	3.51	1105 ~ 1360	Au	1.12	800 ~ 1200
Fe	1.6	1100 ~ 1350	O	2.44	1300
Cu	1.0	800 ~ 1100	H	0.48	
Ag	1.6	1100 ~ 1350			

扩散系数除与温度有关外，还与基片材料的取向、晶格的完整性、基片材料的本体杂质浓度以及扩散杂质的表面浓度等因素有关。

4.3 扩散掺杂

4.3.1 恒定表面源扩散

恒定表面源扩散是指在扩散过程中，硅片表面的杂质浓度 C_s 始终是保持不变的。恒定表面源扩散是将硅片处于恒定浓度的杂质氛围之中，杂质扩散到硅表面极薄层的一种扩散方式，目的是预先在硅扩散窗口中掺入一定剂量的杂质。

如图 4-6 所示是恒定表面源扩散的杂质浓度分布，从图中可看到这种函数关系。

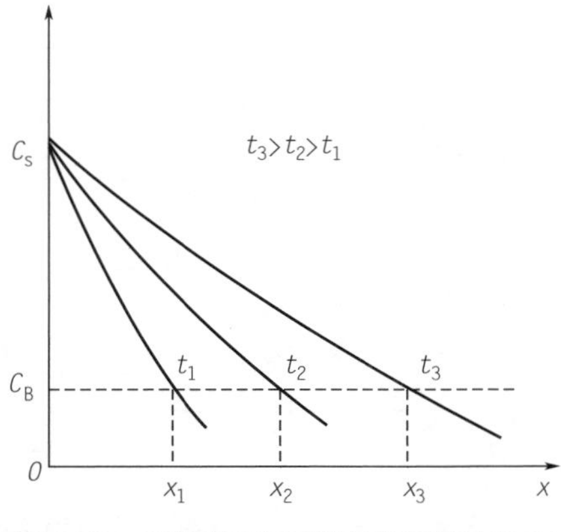

图 4-6 恒定表面源扩散的杂质浓度分布

可见，当表面浓度 C_s、杂质扩散系数 D 以及扩散时间 t 确定后，杂质的扩散分布也就确定了。其中，C_s 和 D 主要取决于不同的杂质元素和扩散温度。

杂质元素和扩散温度选定之后，C_s 和 D 就基本定了，若再将扩散时间 t 定下来，杂质在衬底中的分布也就确定了。从图 4-6 可见，扩散时间不同，杂质分布曲线不同，其扩散的深度（或扩散结深）不同，进入硅片内的杂质总量也不同。

4.3.2 限定表面源扩散

限定表面源扩散通常是在扩散过程中在硅片外部无杂质的环境氛围下，杂质源限定于扩散前沉积在硅片表面极薄层内的杂质总量 Q，扩散过程中 Q 为常量，依靠这些有限的杂质向硅片内进行扩散，从而使得杂质在硅中形成一定的分布或获得一定的结深。限定表面源扩散通常是通过热扩散工艺的再分布工序实现的。在平面工艺中的基区扩散和隔离扩散的再分布，都近似于这类扩散。

图 4-7 所示是限定表面源扩散的杂质浓度分布。当扩散温度 T（或扩散时间 t）保持恒定时，随着扩散时间（或扩散温度）的增加，杂质扩散深度增大，表面杂质浓度不断下降，杂质浓度梯度减小。

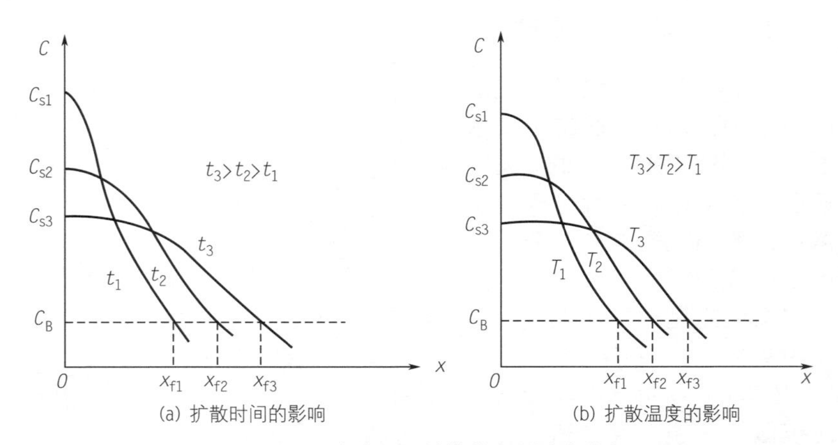

图 4-7 限定表面源扩散的杂质浓度分布

4.3.3 两步扩散工艺

实际生产中，扩散温度一般为 900 ~ 1200℃，在这样的温度范围内，常用杂质如硼、磷、砷和锑等在硅中的固溶度随温度变化不大。

即，恒定表面源扩散，虽可控制扩散的杂质总量和扩散深度，但不能任意控制表面浓度，因而难以制作出低表面浓度的深结；而限定表面源扩散，虽可控制表面浓度和扩散深度，但不能任意控制杂质总量，因而难以制作出高表面浓度的浅结。

为了得到任意的表面浓度、杂质总量和结深以及满足浓度梯度等要求，就应当要求既能控制扩散的杂质总量，又能控制表面浓度，这只需将上述两种扩散结合起来便可实现。这种结合的扩散工艺称为“两步扩散”。

第一步：利用恒定表面源扩散方式在硅片表面沉积一定数量的杂质，称为预沉积。

第二步：利用限定表面源扩散的方式使沉积在硅片表面的杂质向里推进形成一定的分布，称为再分布。

虽然有的扩散（如硅管发射区的磷扩散）不是那么明显地分为两步进行，但是仔细分析其扩散的全过程仍然是包括了这两个步骤的。

由于实际的扩散情况比较复杂，在恒定表面源扩散中假定硅表面杂质浓度一直为扩散温度下的固溶度，实质上这是难以实现的，而限定表面源扩散硅表面的杂质总量也由于外扩散现象会有所减少。因此，实际扩散不一定严格遵从某种形式的扩散，而是往往较接近于某种分布，可在足够精确的程度上采用某一种分布来近似分析。

需要强调的是，本节杂质扩散的典型分布，仅适用于较低杂质浓度情况，高浓度的杂质扩散分布情况更为复杂，不在此处展开。

4.4　缺陷对扩散的影响

4.4.1　氧化增强扩散

在热氧化过程中，原存在于硅内的某些掺杂原子显现出更高的扩散性，称为氧化增强扩散（Oxidation Enhanced Diffusion，OED）。实验结果表明，与中性气氛相比，杂质硼和磷在氧化气氛中的扩散存在明显的增强，杂质砷也有一定程度的增强，而锑在氧化气氛中的扩散却被阻滞，如图 4-8 所示是氧化增强扩散示意图。

由图 4-8（a）可见，在氧化层下方，硼的扩散结深大于氧化硅保护区下方的结深，这说明在氧化过程中，硼的扩散被增强；通过对杂质

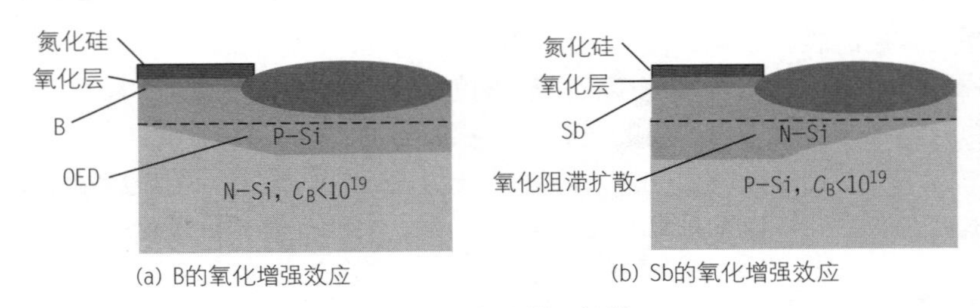

图 4-8　氧化增强扩散

硼的氧化增强扩散现象的分析，人们提出了双扩散机制，即杂质可以通过空位和间隙两种方式实现扩散运动。杂质硼就以替位 - 间隙交替的方式运动，其扩散速率比单纯由替位到替位要快。而在氮化硅保护下的硅不发生氧化，这个区域中的杂质扩散只能通过空位机制进行，所以氧化层下方硼的扩散结深大于氮化硅保护区下方的扩散结深。磷在氧化气氛中的扩散也被增强，其机制与硼相同。

图 4-8（b）所示为用锑代替硼的扩散，可见氧化层下方锑的扩散结深小于保护区下方的扩散结深，说明在氧化过程中锑的扩散被阻滞。这是因为控制锑扩散的主要机制是空位。在氧化过程中，所产生的过剩间隙在锑向硅内扩散的同时，不断地与空位复合，使空位浓度减小，从而降低了锑的扩散速率，因为锑主要依靠空位机制完成扩散运动。

与硼和磷不同，砷在硅中的扩散同时受空位和间隙两种机制控制，而且两种控制机制都很重要。因此，在氧化条件相同的情况下，砷的扩散速率变化没有硼和磷那么明显。其扩散增强的程度要低于硼和磷。

4.4.2　发射区推进效应

在 npn 窄基区晶体管制造中，如果分别对基区和发射区进行扩硼和扩磷实验，则发现在发射区正下方的基区（内基区）要比不在发射区正下方的基区（外基区）深，即在发射区正下方硼的扩散有了明显的增强，这个现象称为发射区推进效应（其示意图如图 4-9 所示），也称为发射区下陷效应。

发射区正下方硼扩散的增强是由磷与空位相互作用形成的 PV 对发生分解所带来的复合效应。硼附近 PV 对的分解会增加空位的浓度，因而加快了硼的扩散速率。

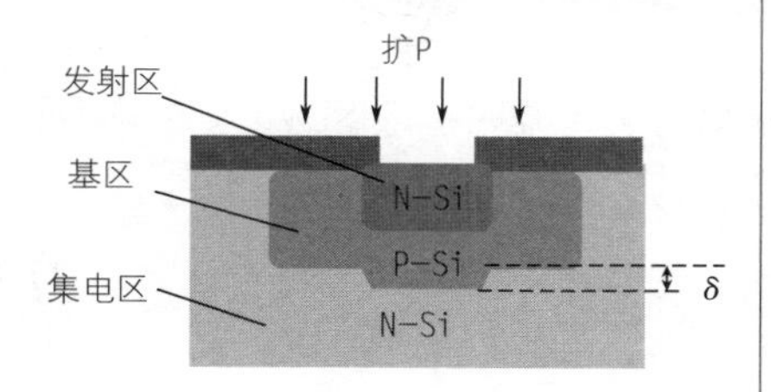

图 4-9　发射区推进效应

4.4.3　横向扩散效应

扩散往往是在硅片表面的特定区域进行的，而不是在整个硅片表面进行，这种扩散称为掩蔽扩散。通常在扩散工艺之前，先在硅片表面生长一定厚度、质量较好的二氧化硅层，然后用光刻或者其他方法去掉需要掺杂区域的二氧化硅以形成扩散掩蔽窗口。而需要扩散的杂质通过窗口以垂直于硅表面的方式进行扩散，但也将在窗口边缘附近的硅内进行平行于表面的横向扩散，如图 4-10 所示。

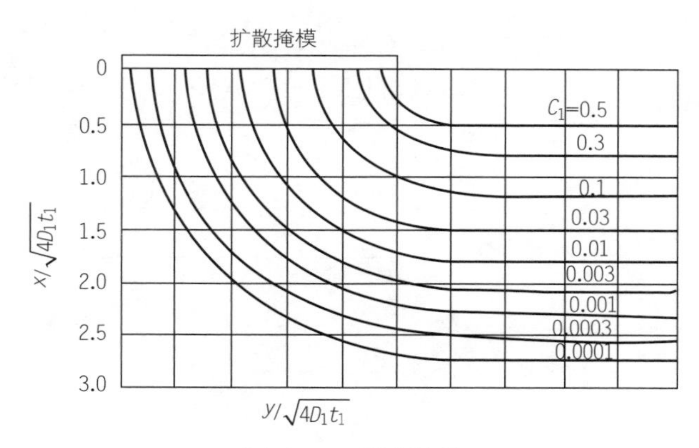

图 4-10　横向扩散

对横向扩散和纵向扩散来说，硅内浓度比表面浓度低两个数量级以上时，横向扩散的距离约为纵向扩散距离的 75% ~ 85%，这说明横向结的距离要比垂直结的距离小。如果是高浓度扩散情况，横向扩散的距离为纵向扩散距离的 65% ~ 70%。

在粗略的近似下，可以认为横向扩散的距离就等于纵向扩散的距离。扩散 pn 结的横截面在扩散窗口边缘处可近似认为是圆形的，但这只适用于衬底未掺杂或掺杂均匀的情况。

由于横向扩散的存在，实际扩散区域要比二氧化硅窗口的尺寸大，其后果是硅内扩散区域之间的实际距离比由光刻版所确定的尺寸要小。

4.5 扩散方式

随着集成电路制造工艺的发展，杂质源的种类越来越多，每种杂质源的性质又不相同，在室温下又以不同相态存在，因而采用的扩散方法和扩散系统也就存在很大的区别。

扩散根据杂质源所处状态的不同又可分为气态源扩散、液态源扩散和固态源扩散三种。扩散时使用哪种形式的杂质源，要根据所采用的实验条件来确定。

4.5.1 气态源扩散

杂质源为气态（如 BCl_3、B_2H_6、PH_3、AsH_3 等），稀释后挥发进入扩散系统的扩散掺杂过程称为气态源扩散，气态源扩散系统如图 4-11 所示。

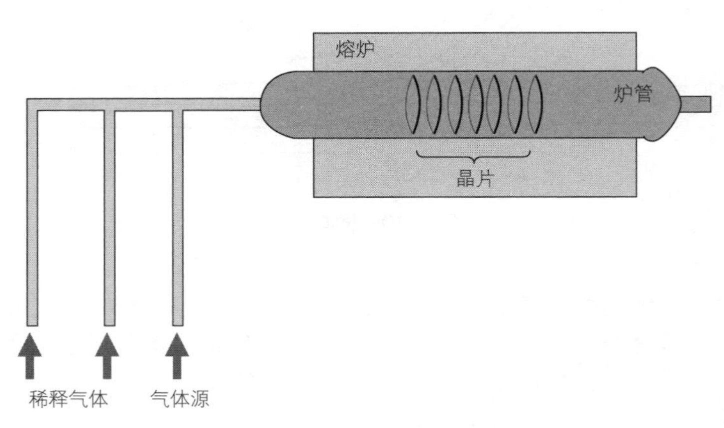

图 4-11 气态源扩散系统

从图中可以看到进入扩散炉管内的气体，除了气态杂质源外，有时还须通入稀释气体，或者是气态杂质源进行化学反应所需要的气体。气态杂质源一般先在硅表面进行化学反应，生成掺杂氧化层，杂质再由氧化层向硅中扩散。

由于气态杂质源多为杂质的氢化物或者卤化物，这些气体的毒性很大，而且易燃易爆，操作上要十分小心，实际生产中很少采用。

4.5.2　液态源扩散

液态源扩散的杂质源为液态 [如 $POCl_3$、BBr_3、$B(CH_3O)_3$ 等]，由保护性气体携带进入扩散系统的扩散掺杂过程称为液态源扩散。液态源扩散系统如图 4-12 所示。

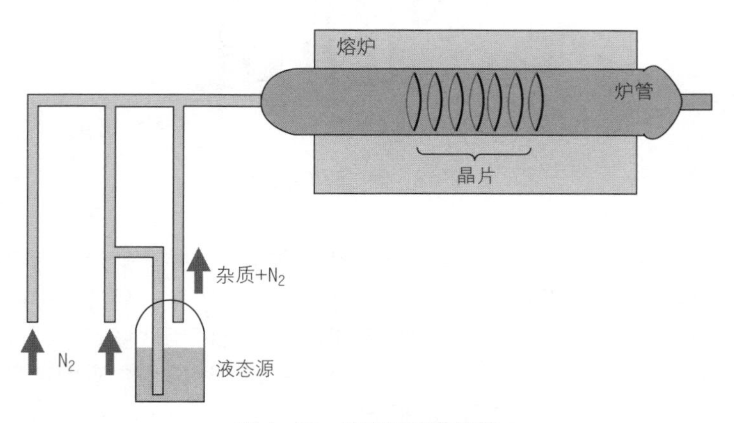

图 4-12　液态源扩散系统

携带气体（通常是氮气）通过源瓶，把杂质源蒸气带入扩散炉管内。液态源一般都是杂质化合物，在高温下杂质化合物与硅反应释放出杂质原子；或者杂质化合物先分解产生杂质的氧化物，氧化物再与硅反应释放出杂质原子。

进入扩散炉管内的气体除了携带杂质的气体外，还有一部分不通过源瓶而直接进入炉内，起稀释和控制浓度的作用，对某些杂质源还必须通入进行化学反应所需要的气体。

液态源的特点是不用配源，一次装源后可用较长的时间，且系统简单，操作方便，生产效率高，重复性和均匀性都较好，稳定性一般也能满足要求，是目前使用较广泛的一种方法。

4.5.3 固态源扩散

杂质源为固态（如 BN、B_2O_3、Sb_2O_5 等），通入保护性气体，在扩散系统中完成杂质由源到硅片表面的气相输运的扩散掺杂过程，称为固态源扩散。固态源扩散系统如图 4-13 所示。

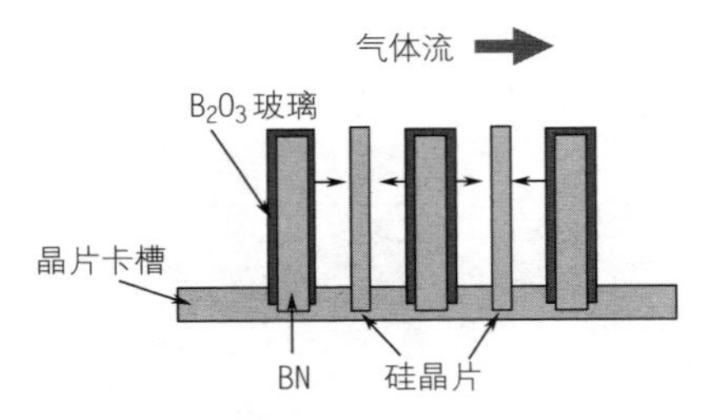

图 4-13　固态源扩散系统

采用固态源扩散，把固态源做成片状的源片，并与硅片交替平行排列，因而有较好的重复性、均匀性，适于大面积扩散。另外，在硅片表面制备一层固态杂质源也属于固态源扩散。固态源用法便利，对设备要求不高，操作与液态源基本相同，生产效率高，所以也是应用较多的一种方法（特别是硼扩散方面）。但源片易吸潮变质，在扩散温度较高时，还容易变形，这时就不如液态源扩散优越。

第5章

离子注入

5.1 离子注入的特点
5.2 离子注入原理
5.3 注入离子在靶中的分布
5.4 注入损伤
5.5 退火
5.6 离子注入设备与工艺
5.7 离子注入的其他应用
5.8 离子注入与热扩散比较

自 20 世纪 60 年代开始发展起来的离子注入技术（Ion Injection Technique）是微电子工艺中定域、定量掺杂的一种重要方法，其目的在于改变半导体的载流子浓度和导电类型，以达到改变材料电学性质的目的（图 5-1）。

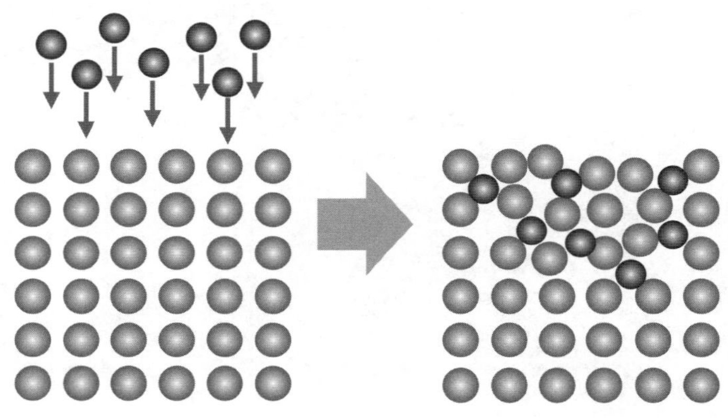

图 5-1　离子注入

在集成电路制造中应用离子注入技术主要是为了进行掺杂，分为两个步骤：离子注入和退火再分布。

离子注入是将含杂质的化合物分子电离为杂质离子后，聚集成束并用强电场加速，使其成为高能离子束，直接轰击半导体材料，完成选择掺杂的过程。退火再分布是在离子注入之后为了恢复损伤和使杂质达到预期分布并具有电活性而进行的热处理过程。

掺杂深度由注入杂质离子的能量和质量决定，掺杂浓度由注入杂质离子的数目（剂量）决定。离子注入技术以其掺杂浓度控制精确、位置准确等优点，正在取代热扩散掺杂技术，成为 VLSI 工艺流程中掺杂的主要技术。

5.1　离子注入的特点

① 注入的离子是通过质量分析器选取出来的，被选取的离子纯度

高，能量单一，从而保证了掺杂纯度不受杂质源纯度的影响。

② 可以精确控制注入到硅中的掺杂原子数目，注入剂量在 10^{11} ~ 10^{17}ions/cm^2[1] 的较宽范围内，同一平面内的杂质均匀性和重复性可精确控制在 ±1% 内。

③ 离子注入时，衬底一般保持在室温或低于 400℃，因此，像二氧化硅、氮化硅、铝和光刻胶等都可以用来作为选择掺杂的掩模，给予自对准掩蔽技术更大的灵活性。

④ 离子注入深度随离子能量的增加而增加，因此掺杂深度的控制可通过控制离子束能量的高低来实现。在注入过程中可精确控制电荷量，从而可精确控制掺杂浓度，因此通过控制注入离子的能量和剂量，以及采用多次注入相同或不同杂质，可得到各种形式的杂质分布。

⑤ 离子注入是一个非热力学平衡过程，不受杂质在衬底材料中的固溶度限制，原则上对各种元素均可掺杂。

⑥ 离子注入时的衬底温度较低，避免了由于高温扩散所引起的热缺陷。

⑦ 离子注入的杂质是按掩模的图形近于垂直入射，横向扩散更小，有利于芯片特征尺寸的缩小。

⑧ 离子可以通过硅表面上的薄膜（如 SiO_2）注入到硅中，可以防止工艺污染。

⑨ 化合物半导体是两种或多种元素按一定组分构成的，容易实现对化合物半导体的掺杂。

5.2 离子注入原理

离子注入是离子被强电场加速后注入靶中，离子受靶原子阻止而停留其中，经退火后成为具有电活性的杂质的一个非平衡的物理过程。

5.2.1 离子注入的行程

注入离子在靶中分布的情况与注入离子的能量、性质和靶的具体情

[1] ions/cm^2 表示每平方厘米注入的离子个数。

况等因素有关。因为离子注入到半导体中的过程，实质上就是入射离子与半导体的原子核和电子不断发生碰撞的过程。当具有不同入射能量的杂质离子进入靶时，将与靶中的原子核和电子不断发生碰撞。在碰撞时，离子的运动方向将不断发生偏折，并不断失去能量，最后在靶中的某一点停止下来，因而离子从进入靶起到停止点止将走过一条十分曲折的路径。

如图 5–2 所示是离子注入行程示意图，由图 5–2（a）、（b）可见，由于入射粒子所具有的能量不同，在进入靶材料内所形成的路径也存在差异。

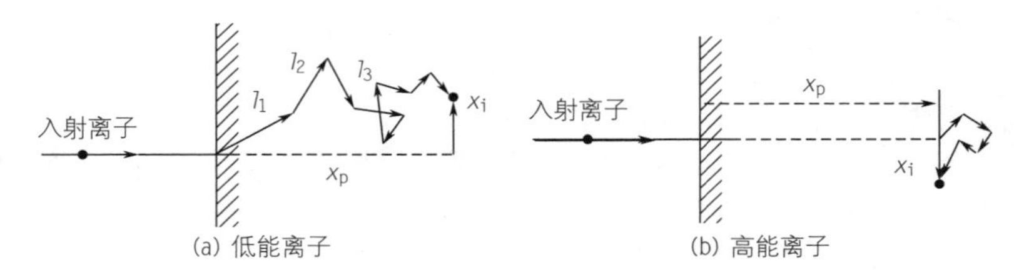

图 5–2　离子注入行程示意图

如图 5–2（a）所示，设每相邻两次碰撞所经历的路程依次为 l_1，l_2，l_3……则离子从进入靶起到停止点止所通过路径的总距离 R 称为入射离子的射程（range）：

$$R=l_1+l_2+l_3+\cdots \tag{5-1}$$

R 在入射方向上的投影称为投影射程 x_p。射程在垂直于入射方向的平面内的投影长度 x，称为射程的横向分量。一个入射离子进入靶后所经历的碰撞过程是一个随机过程，因此，尽管入射离子及其能量都相同，但各个离子的射程和投影射程却不一定相同。

定义所有入射离子的投影射程的平均值为平均投影射程，以 R_p 表示，如图 5–3 所示是离子注入射程 R、投影射程 R_p 及二维分布示意图。

在入射离子进入靶时，每个离子的射程是无规则的，但对于大量以相同能量入射的离子来说仍然存在一定的统计规律性。在一定条件下，其射程和投影射程都具有确定的统计平均值。沿着投影射程离子浓度的统计波动称为投影射程标准偏差 ΔR_p。离子在垂直入射方向的平面上也有散射，横向离子浓度所形成的统计波动称为横向标准偏差 $\Delta R_{\perp}$。

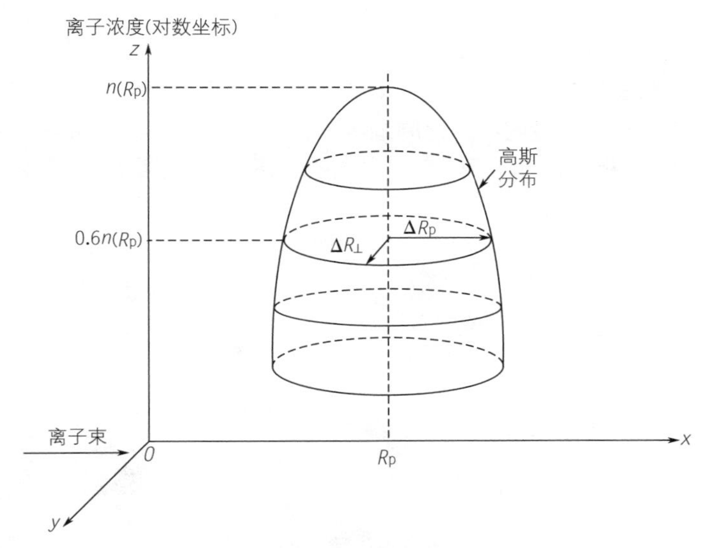

图 5-3　离子注入的二维分布示意图

5.2.2　注入离子的碰撞

在集成电路制造中，注入离子的能量一般为 5 ~ 500keV，进入靶内的离子不仅与靶内的自由电子和束缚电子发生相互作用，而且与靶内原子核相互作用。

LSS 理论认为注入离子在靶内的能量损失分为两个彼此独立的部分：

① 入射离子与原子核的碰撞，即核阻挡的能量损失过程，如图 5-4 所示。

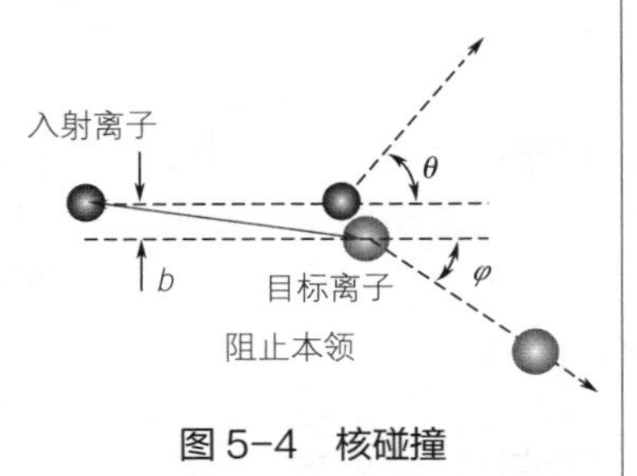

图 5-4　核碰撞

能量为 E 的一个注入离子与靶原子核碰撞，离子能量转移到原子核上，结果使离子改变运动方向，而靶原子核可能离开原位，成为间隙原子，或只是能量增加。

② 入射离子与电子的碰撞，即电子阻挡的能量损失过程，如图 5-5 所示。

电子阻挡包括两种情况：

a. 注入离子与靶内自由电子及束缚电子之间的碰撞。

b. 注入离子与靶内原子核周围电子云通过相互作用，使离子失去能量，束缚电子被激发或电离，自由电子发生移动，而且会瞬时形成电子-空穴对。

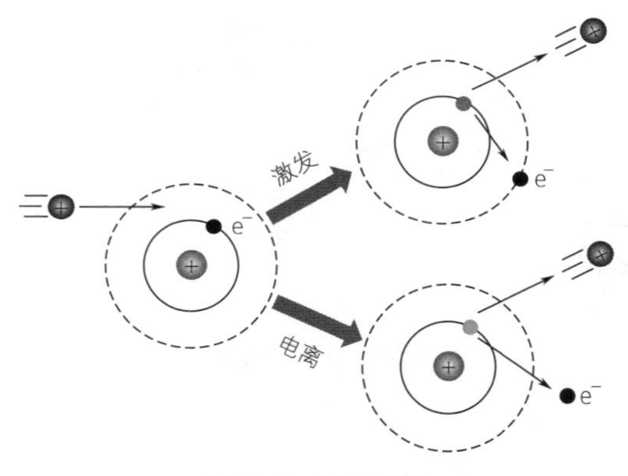

图 5-5 电子碰撞

5.3 注入离子在靶中的分布

离子注入的杂质分布与扩散不同。即使相同能量的离子，其路径和射程也有所不同，导致射程分布呈现统计特征。对一定剂量的离子束，其能量是按概率分布的，所以杂质也是按概率分布的。

进入靶内的离子，在同靶内原子核及电子碰撞过程中，不断损失能量，最后停止在某一位置。如果注入的离子数量很小，它们在靶内分布是很分散的；但是，如果注入大量的离子，那么这些离子在靶内将按一定统计规律分布。

5.3.1　纵向分布

入射离子的能量即使相同，但由于注入离子与靶原子核和电子碰撞的随机性，各个离子的射程会不一样，将形成一个停止点的分布——射程分布。

图 5-6 所示为注入离子的分布情况，注入杂质沿入射轴的分布可按照高斯分布近似。

在一级近似情况下所得到的高斯分布只是在峰值附近与实际分布符合较好，当离开峰值位置较远时有较大的偏离，这是因为高斯分布是在随机注入条件下得到的粗略结果。

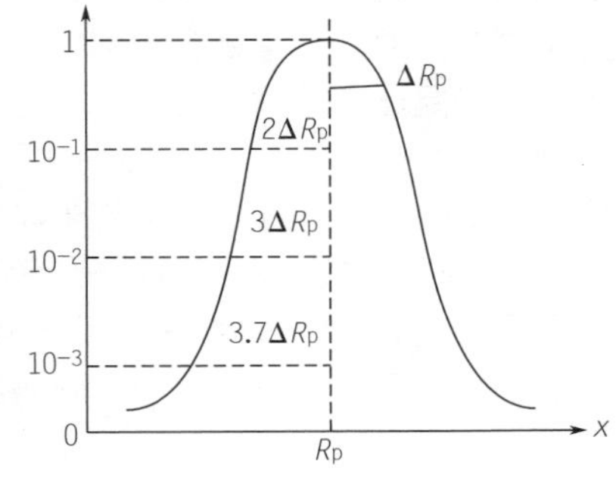

图 5-6　注入离子的纵向高斯分布

5.3.2　横向效应

横向效应指的是注入离子在垂直入射方向的平面内的分布情况。离子注入的横向效应如图 5-7 所示。

随着注入离子能量的增加，不但分布朝离开表面的深度方向移动，并且横向扩展逐渐变大；在注入能量相同的情况下，质量小的离子，横向分布的扩展大于纵向的扩展，随着离子质量的增加，情况逐渐向相反方向变化。

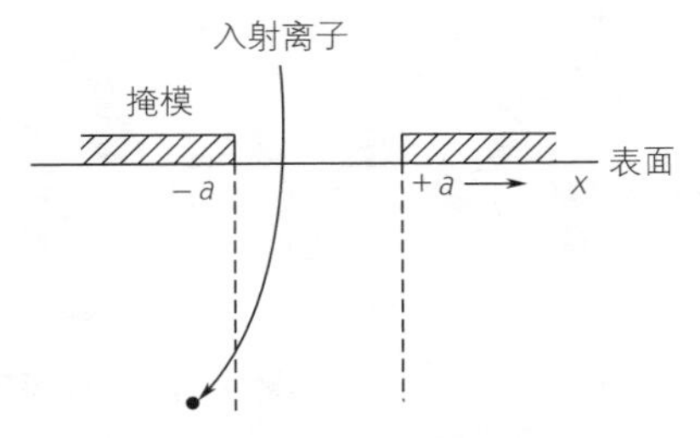

图 5-7　离子注入的横向效应

横向效应直接影响了 MOS 晶体管的有效沟道长度。对于掩模边缘的杂质分布，以及离子通过一窄窗口注入，而注入深度又同窗口的宽度差不多时，横向效应的影响更为重要。

5.3.3 单晶靶中的沟道效应

在非晶靶中，原子不显示长程有序，故入射离子在靶中受到的碰撞过程是随机的。当离子入射到这种固体时，离子和固体原子相遇的概率是很高的。靶对入射离子的阻止作用是各向同性的，将一定能量的离子沿不同方向射入靶中将会得到相同的平均射程。

由于晶体内按一定规则周期地重复排列成晶格点阵，存在三维原子排列，具有一定的对称性和各向异性，因此，单晶靶对入射离子的阻止作用将不是各向同性，而是与靶晶体取向有关。

对于硅晶体，存在由原子列包围成的一系列平行通道，呈现沿一定晶向存在开口的沟道（沿特定方向观察到的通道称为沟道）。图 5-8 为沿不同晶向的硅晶体原子排列情况。

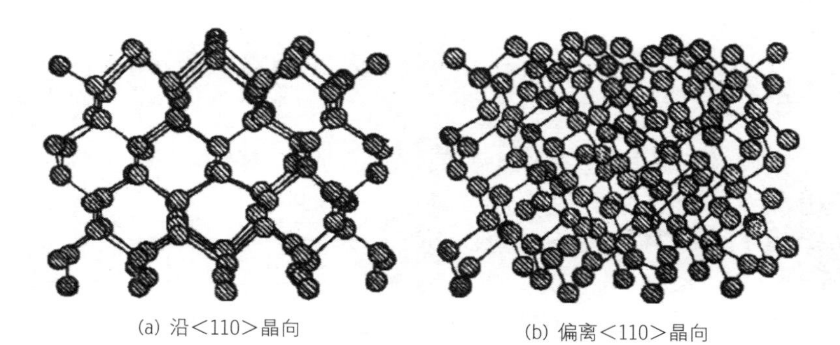

(a) 沿＜110＞晶向　　(b) 偏离＜110＞晶向

图 5-8　不同晶向的硅晶体原子排列

对晶体靶进行离子注入时，当离子注入的方向与靶晶体的某个晶向平行时，其运动轨迹将不再是无规则的，而是将沿沟道运动并且很少受到原子核的碰撞，因此来自靶原子的阻止作用要小得多，而且沟道中的电子密度很低，受到的电子阻止作用也很小，这些离子的能量损失率就很低。在其他条件相同的情况下，很难控制注入离子的浓度分布，注入深度大于在无定形靶中的深度并使注入离子的分布产生一个很长的拖尾，注入纵向分布峰值与高斯分布不同，这种现象称为离子注入的沟道效应（Channeling Effect），如图 5-9 所示。

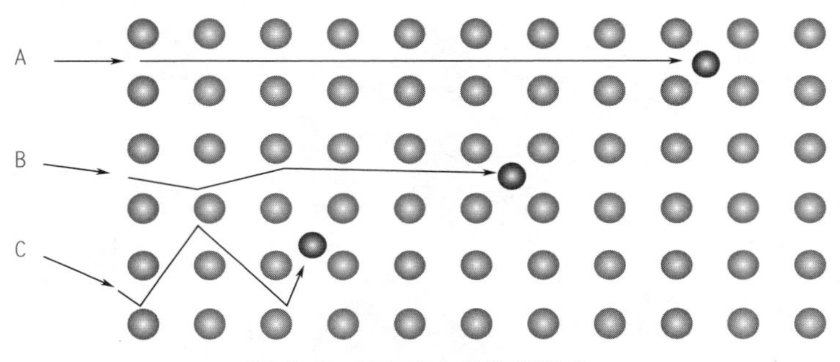

图 5-9　离子注入的沟道效应

当入射离子沿着沟道轴向入射时，因其离晶轴位置不同而有不同的碰撞情况。当离子 C 沿着靠近晶轴位置入射时，很容易与晶格原子碰撞而产生大角度散射，不能进入沟道；离子 B 以稍远离晶轴位置入射时，将受到较大的核碰撞而在两个晶面之间“振荡”；离子 A 以远离晶轴方向入射，很少受到晶体原子核的碰撞，因而渗透得更深。因此，通常可以用临界角来描述发生沟道效应的界限。

5.3.4　离子质量的影响

当轻离子注入到较重原子的靶中，如硼离子注入硅靶中，硼离子与硅原子碰撞时，由于质量比硅原子小，就会有较多的硼离子受到大角度的散射使反向散射的硼离子数量增多，因而就会引起在峰值位置与表面一侧有较多的离子堆积，不服从严格的高斯分布。如图 5-10 虚线所示为不同能量的硼注入硅中的原子浓度分布测试值与高斯分布、四差动分布曲线。

反之，如果注入的离子质量大于靶原子质量，如锑离子注入硅靶中，碰撞结果将引起在比峰值位置更远一侧堆积，同样也偏离于理想的高斯分布，如图 5-10 中实线所示；同时测试结果也表明要达到同样的注入深度，锑离子所需要的能量要远高于硼离子。

在实际注入时还有更多影响注入离子分布的因素，主要有衬底材料、晶向、离子束能量、注入杂质剂量，以及入射离子性质等。图 5-11 所示为同样能量的 B、P、As、Sb 等离子注入到硅靶中的射程和浓度分布。

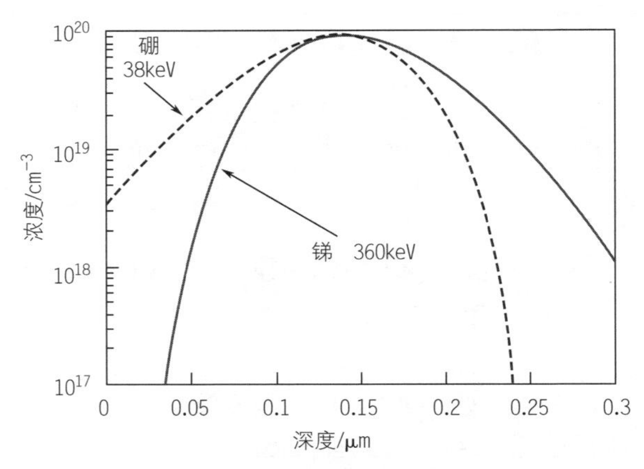

图 5-10 B、Sb 在硅靶中的实际浓度分布

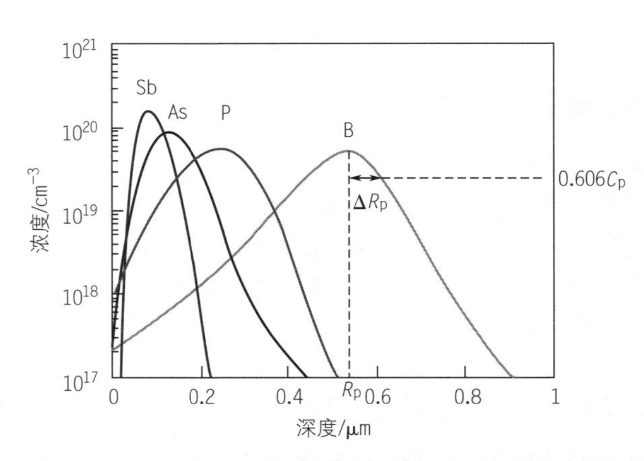

图 5-11 B、P、As、Sb 等离子注入到硅靶中的射程和浓度分布

5.4　注入损伤

离子注入技术可以精确地控制掺杂杂质的数量及深度，但是，在离子注入的过程中，进入靶内的离子，通过碰撞把能量传递给靶原子核及其电子，不断地损失能量，最后停止在靶内某一位置。靶内的原子和电子在碰撞过程中获得能量。

离子注入在固体内沿入射离子运动轨迹的周围产生大量的空位、间隙原子、间隙杂质原子和替位杂质原子等缺陷，衬底的晶体结构受到损伤。同时在注入的离子中，只有少量的离子处在电激活的晶格位置。因此，必须通过退火等手段恢复衬底损伤，而且使注入的原子处于电激活位置，达到掺杂目的。

由入射离子产生的损伤分布（如图 5-12 所示）取决于离子与主体原子的轻重大小。同靶原子相比，如果入射的是轻离子，在每次碰撞过程中由于碰撞时转移的能量正比于离子的质量，所以每次与晶格原子碰撞时，轻离子转移很小的能量，将受到大角度的散射，如图 5-12（a）所示。其特点为射程比较大，并且损伤将扩展到靶体较大区域，入射离子运动方向变化大，产生的损伤密度小，不重叠，运动轨迹呈“锯齿形”。

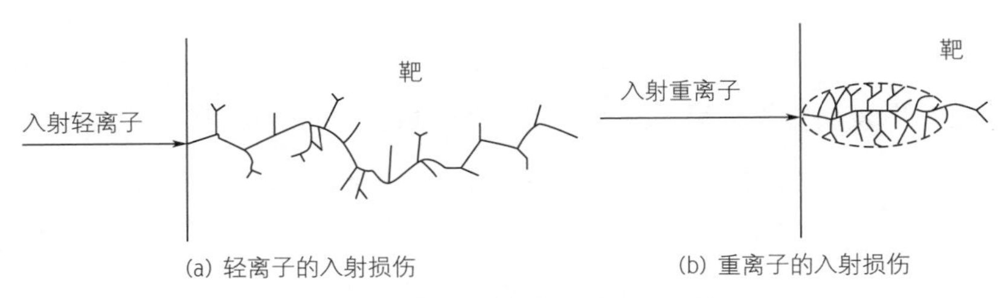

(a) 轻离子的入射损伤　　(b) 重离子的入射损伤

图 5-12　不同入射离子的损伤分布情况

当入射的离子是重离子时，在相同的情况下，在每次碰撞中，入射离子的散射角很小，动量变化较小，基本上继续沿原来的方向运动。但是入射离子传输给靶原子的能量很大，被撞击的原子（称为反冲原子）离开正常晶格位置。同轻离子相比，如果离子注入时的能量相同，离子散射具有更小的角度，射程也较短，入射离子的运动轨迹较直，所造成的损伤区域很小，损伤密度大，甚至会形成非晶区，如图 5-12（b）所示。可见，一个入射重离子注入靶时，在其路径附近形成了一个高度畸变的损伤区域。

5.5 退火

离子注入会损伤衬底，使电子 - 空穴对的迁移率及寿命大大减小，此外，被注入的离子大多不是以替位形式处在晶格位置上。为了激活离子，恢复原有迁移率，必须在适当的温度下使半导体退火。退火能够修复晶格缺陷，还能使杂质原子移动到晶格格点上，激活杂质。一般，修复晶格缺陷大约需要 500℃，激活杂质需要 950℃。杂质的激活与时间和温度有关，时间越长，温度越高，杂质激活得越充分。硅片的退火方法常用的有高温热退火和快速热退火。

退火（Anneal），就是利用热能（Thermal Energy）将离子注入后的样品进行热处理，以消除辐射损伤，激活注入杂质，恢复晶体的电性能，具体如图 5-12 所示。

硅材料的退火工艺可以实现两个目的：一是减小点缺陷密度，因为间隙原子可以进入某些空位；二是在间隙位置的注入杂质原子能移动到晶格位置，变成电激活杂质。

退火工艺条件取决于注入离子质量、剂量、能量、靶温、晶格损伤类型，以及退火效果等。另外，还应考虑高温时的杂质再分布现象。

考虑效果
- 修复晶格：退火温度在 600℃以上，时间最长可达数小时
- 杂质激活：退火温度在 650 ~ 900℃，时间 10 ~ 30min

注入剂量
- 低剂量简单损伤，在较低温度下退火就可以消除
- 高剂量形成非晶区，400℃时硅中无序群才开始分解，在 550 ~ 600℃硅重新结晶，杂质随着结晶进入格点电激活

作为主要的掺杂元素，硼的退火特性如图 5-13 所示。其晶格损伤以点缺陷为主，低于 500℃时，随退火温度上升间隙硼与空位复合概率增加，电激活比例增大；当温度升高在 500 ~ 600℃范围时，点缺陷

通过重新组合或结团，凝聚为位错环等缺陷团。因为硼原子小，并和缺陷团有很强的作用，易从格点位置又迁移或被结合到缺陷团中，因而出现随温度的升高而替位硼的浓度反而下降的逆退火现象。超过 600℃时空位浓度增加，硼进入空位，所以硼的电激活比例又随温度上升而增加。

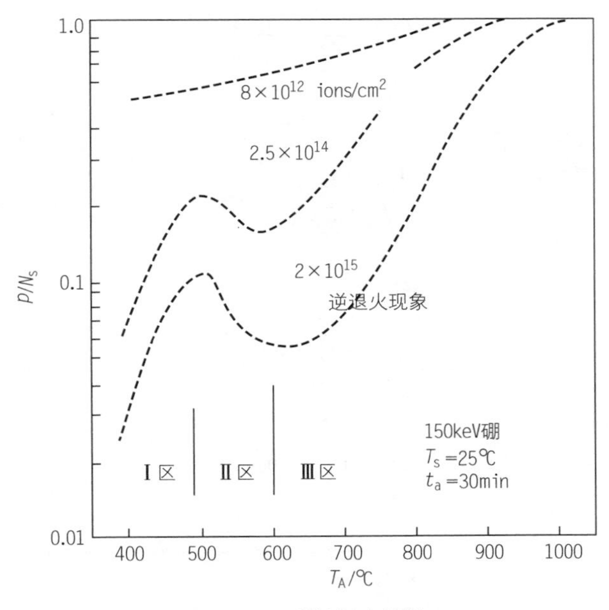

图 5-13　硼的退火特性

磷的退火特性，如图 5-14 所示。

磷以较低剂量注入，退火特性与硼相似，p/N_s 随温度上升而单调增大。当剂量大于 10^{15}ions/cm^2 时，损伤区为非晶层，出现了不同退火机理，温度不到 600℃，就发生了无定形层的固相外延生长。磷与硅没有区别地同时以替位方式结合入晶格，完全退火。

注入离子在靶内的分布可近似认为是高斯型的，然而在消除晶格损伤、恢复电学参数和激活载流子所进行的热退火过程中，会使高斯分布有明显的展宽，偏离了注入时的分布，尤其是尾部的偏离更为严重，出现了较长的按指数衰减的尾巴。在注入条件和退火时间相同的条件下，经不同温度退火后的硼原子浓度分布情况如图 5-15 所示。

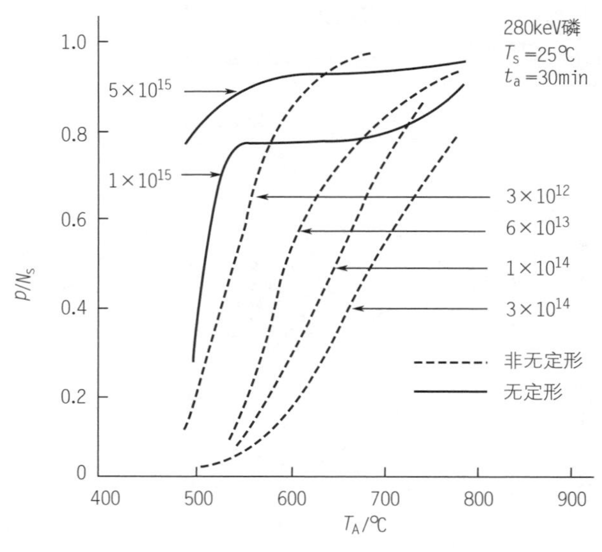

图 5-14　磷的退火特性

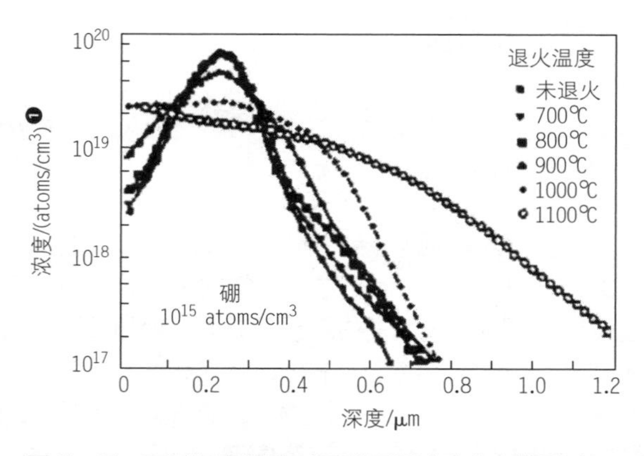

图 5-15　不同退火温度对于硼原子浓度分布的影响

❶ atoms/cm^3 表示每立方厘米注入的原子个数。

实际上，热退火温度同热扩散时的温度相比，要低得多。在比较低的温度下，对于晶体中的杂质来说，扩散系数是很小的，杂质扩散很慢，甚至可以忽略。但是，对于注入区的杂质，即使在比较低的温度下，杂质扩散效果也是非常显著的，这是因为注入离子所造成的晶格损伤使硅内的空位密度比热平衡时晶体内的空位密度要大得多。另外，离子注入也使晶体内存在大量的间隙原子和各种缺陷。这些原因都会使扩散系数增大，扩散效应增强，有时也称热退火过程中的扩散为增强扩散。

注入区的杂质，即使在比较低的温度退火，扩散效果也非常显著，这是因为离子注入的晶格损伤造成硅内空位密度及其他缺陷数量大增。

退火时虽然通过简单损伤的复合可大大消除晶格损伤，但与此同时也有可能发生由几个简单损伤的再结合而形成复杂的损伤。

二次缺陷随离子注入剂量及退火温度而变化。可以影响载流子迁移率、少子寿命等，因而直接影响半导体器件的特性，如图5-16所示。

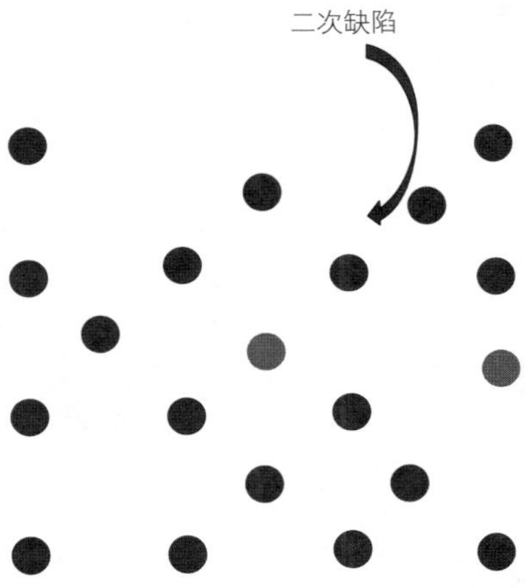

离子注入后进行热氧化时，还会产生更大的层错和位错环，称为三次缺陷。三次缺陷可使二极管的反向漏电流变大。

图5-16　退火形成的二次缺陷

热退火能够满足一般的要求，但也存在较大的缺点：一是热退火消除缺陷不完全，实验发现，即使将退火温度提高到1100℃，仍然能观察到大量的残余缺陷；二是许多注入杂质的电激活率不够高。为了充分发挥离子注入的优越性，逐渐采用快速退火方法。

快速退火（Rapid Thermal Annealing，RTA）的方法有激光法、扫描电子束、宽带非相干光源（如卤光灯、电弧灯、石墨加热器、红外设备等）。它们的共同特点是瞬时使硅片的某个区域加热到所需要的温度，并在较短的时间内（10^{-3} ~ 10^{2}s）完成退火。

激光退火是用功率密度很高的激光束照射半导体表面，使其中离子注入层在极短时间内达到很高的温度，从而实现消除损伤的目的。激光退火时整个加热过程进行得非常快速，且加热仅限于表面层，因而能减少某些副作用。激光退火目前有脉冲激光退火和连续波激光退火两种形式。

电子束退火是近年来发展起来的一种退火技术，其退火机理与激光退火一样，只是改用电子束照射损伤区，使损伤区在极短时间内升到较高温度，通过固相或液相外延过程，使非晶区转化为结晶区，达到退火目的。电子束退火的束斑均匀性比激光好，能量转换率可达 50% 左右，但电子束会在氧化层中产生中性缺陷。

目前用得较多的快速退火光源还有宽带非相干光源，主要是卤光灯和高频加热方式。这是一种很有前途的退火技术，其设备简单、生产效率高，没有光干涉效应，又能保持快速退火技术的所有优点，退火时间一般为 10 ~ 100s。

不同退火方式的时间与功率密度关系如图 5-17 所示。

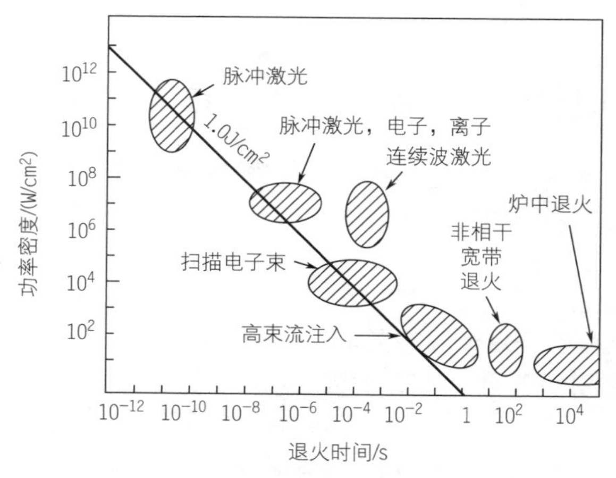

图 5-17　不同退火方式的时间与功率密度关系

快速热处理（Rapid Thermal Processing，RTP）是将晶片快速加热到设定温度，进行短时间快速热处理的方法，热处理时间在 10^{-3} ~ 10^{2}s 之间。

近年来，RTP 已成为 IC 制造必不可少的工艺技术，被用于快速热氧化、离子注入后的退火、金属硅化物的形成和快速热化学薄膜沉积等。

5.6　离子注入设备与工艺

5.6.1　离子注入机

离子注入机是一种特殊的粒子加速器，用来加速杂质离子，使它们能穿透硅晶体到达几微米的深度。离子注入系统可分为 6 个主要部分，即离子源、磁分析器、加速器、扫描器、偏束板和靶室，另外还有真空排气系统和电子控制器。图 5-18 所示为离子注入机系统示意图。

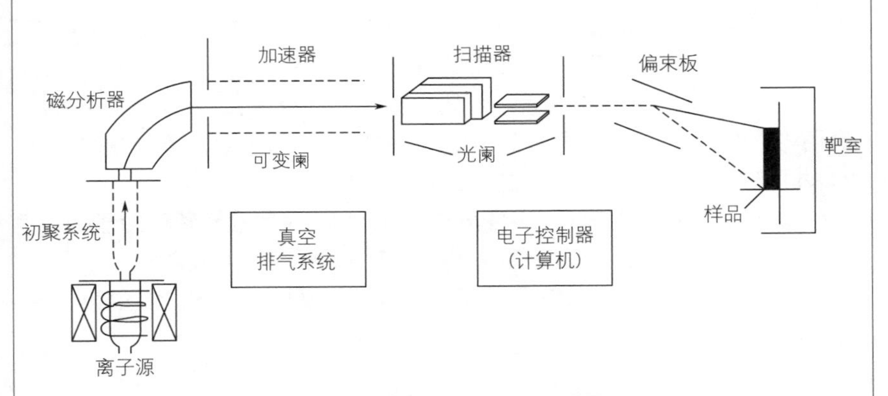

图 5-18　离子注入机系统示意图

5.6.2　离子注入工艺

（1）离子源的选择

离子源主要采用含杂质原子的化合物气体，如 B 源有 BF_3、BCl_3，P 源为 H_2+PH_3，As 源为 H_2+AsH_3。

为了防止离子注入的沟道效应，注入过程需要对硅片进行偏转，如图 5-19 所示。

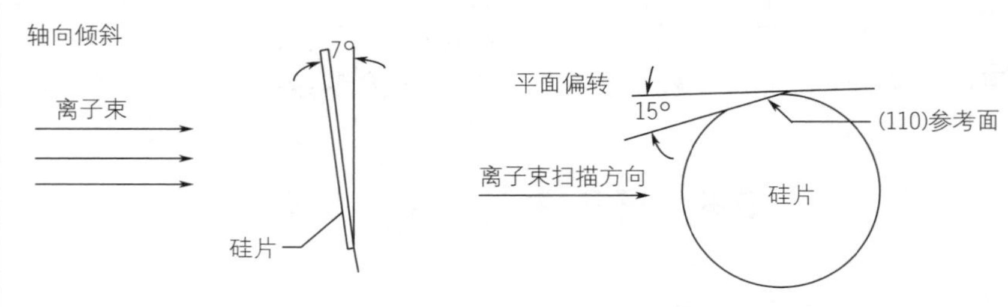

图 5-19　硅片的偏转

（2）注入掩模的选择

因为离子注入是在常温下进行的，所以光刻胶、二氧化硅薄膜、金属薄膜等多种材料都可以作为掩模使用，要求掩蔽效果达到 99.99%。

（3）注入方法的选择

① 直接注入法：离子在光刻窗口直接注入 Si 衬底。直接注入杂质一般在射程大、杂质重、掺杂构成的 pn 结深时采用。

② 间接注入法：离子通过介质薄膜（如氧化层或光刻胶）注入衬底晶体。间接注入法介质薄膜有保护硅的作用，沾污少，可以获得精确的表面浓度。

③ 多次注入：可先注入惰性离子（如 Ar），使单晶硅转化为非晶态，再注入所需杂质，目的是使杂质纵向分布精确可控，与高斯分布接近。也可以将不同能量、剂量的杂质多次注入到衬底硅中，使杂质分布为设计形状。

（4）退火

退火有高温退火、激光退火和电子束退火多种，后两种方法是近年出现的低温退火工艺。高温退火是在扩散炉内，一般通 N_2 保护，或者通 O_2 同时生长氧化层。表 5-1 所示是典型退火工艺条件及效果。

表 5-1　典型的退火工艺条件及效果

温度 /℃	时间 /min	效果
450	30	杂质电活性部分激活，迁移率 20% ~ 50% 恢复
550	30	低剂量 B（10^{12}ions/cm^2）激活，迁移率 50% 恢复
600	30	非晶→单晶，大剂量 P（10^{15}ions/cm^2）激活，迁移率恢复达 50%

续表

温度 /℃	时间 /min	效果
800	30	大剂量 B，20% 激活，其他元素 50% 激活
950	10	杂质全部激活，迁移率、少子寿命恢复

5.7　离子注入的其他应用

离子注入最初是为了改变半导体的导电类型和导电能力而发展起来的技术，随着技术的发展，它的应用也越来越广泛，尤其在集成电路中的应用发展最快。由于离子注入技术具有很好的可控性和重复性，这样设计者就可以根据电路或器件参数的要求，设计出理想的杂质分布，并用离子注入技术实现这种分布。本节就离子注入技术在实际生产中的几种典型应用，如浅结的形成、阈值电压的调整、soi 技术中的应用等加以介绍，以使读者对离子注入技术有较为全面的认识，并加以灵活应用。

5.7.1　浅结的形成

随着集成电路的快速发展，对芯片加工技术提出更多的特殊要求，其中 MOS 器件特征尺寸进入纳米时代对超浅结的要求就是一个明显的挑战。半导体器件的尺寸不断缩小，要求源极、漏极以及源极前延和漏极前延（Source/Drain Extension）相应地变浅。

由此可见，现代掺杂工艺的最大挑战是超浅结的形成。随着芯片特征尺寸的缩小，结深要求越来越浅，要求离子注入的能量也越来越低，而掺杂浓度越来越高。通过降低注入离子能量形成浅结的方法一直受到重视。形成浅结的方法如下：

- 降低注入离子能量；
- 分子注入法，如 B^+ 注入采用 BF_2^+，碰撞过程中分解出原子 B；
- 预先非晶化：先注入 Si、Ge、Sb 离子，再注入所需离子，如 B^+。

5.7.2　调整 MOS 晶体管的阈值电压

对 MOS 管来说，阈值电压（V_T）可定义为使硅表面处在强反型状态下所必需的栅压。栅电极可控范围是它下面极薄的沟道区，注入杂质可看作全包含在耗尽层内。在芯片制造中，n 沟道耗尽型 MOSFET 容易制造，而且 n 沟道增强型的阈值电压可以做得较低。但对于 p 沟道来说，用普通工艺制造耗尽型 MOSFET 就不那么容易了，且对于 p 沟道增强型 MOS 管来说，降低 MOSFET 的阈值电压也较困难。

能够降低 V_T 值的方法很多，但每一种工艺本身都有一定的限制，不可能任意控制 V_T 值。离子注入降低 MOS 管阈值电压的工艺简单易行——在栅氧化膜形成之后，通过薄的栅氧化层进行沟道区域低剂量注入，然后经过适当退火便能达到目的（如图 5-20 所示）。

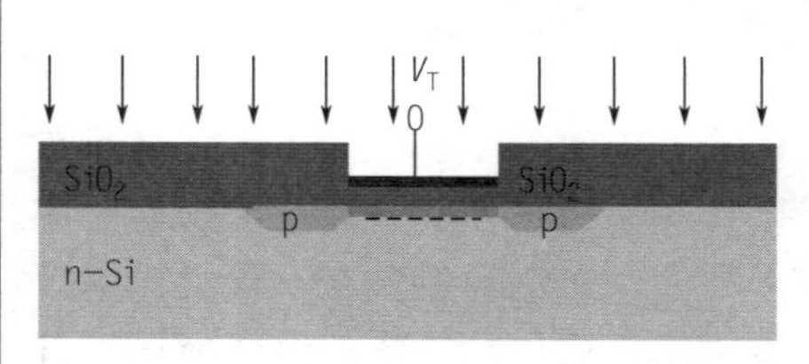

图 5-20　离子注入降低 MOS 管阈值电压

5.7.3　自对准金属栅结构

在采用普通扩散方法制造 MOS 晶体管的工艺中，都是先形成源区和漏区，再制作栅电极。由于栅源、栅漏之间交叠而引起栅漏之间存在很大的寄生电容，从而使 MOS 晶体管的高频特性变坏。

利用离子注入自对准 MOSFET 是先做成栅电极，并使之成为离子注入的掩模，从而形成离子注入掺杂的源、漏区，如图 5-21 所示。采用这种方法，上述的栅源、栅漏重叠就可以小到无足轻重的程度，漏面积可以缩小，同时也就减小了漏漂移电容，改善了高频特性。通过栅和源、漏的自对准，也可提高成品率和芯片的集成度。

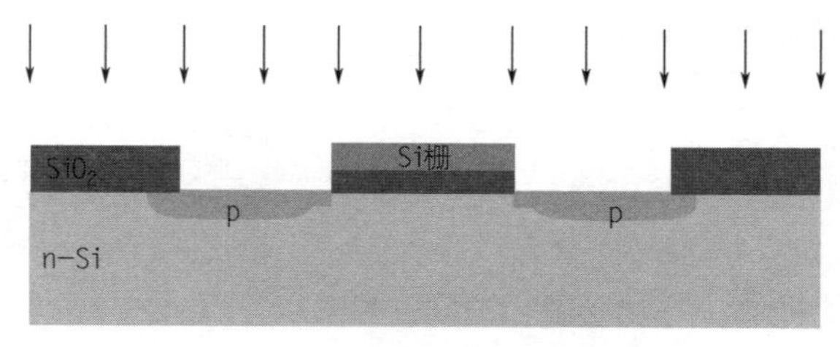

图 5-21　自对准金属栅结构示意图

5.8　离子注入与热扩散比较

离子注入与热扩散技术作为两种主要掺杂方法，有各自的优缺点，表 5-2 给出了离子注入与热扩散技术比较。

表 5-2　离子注入与热扩散技术比较

内容	热扩散	离子注入
动力	高温、杂质的浓度梯度，平衡过程	动能，5 ~ 500keV，非平衡过程
杂质浓度	受固溶度限制，掺杂浓度过高、过低都无法实现	浓度不受限
结深	结深控制不精确，适合深结	结深控制精确，适合浅结
横向扩散	严重，约是其纵向扩散的 0.75 ~ 0.87 倍	较小，在快速退火时，几乎可忽略
均匀性	电阻率波动约 5% 以上	电阻率波动约 1%
温度	高温工艺，约在 950 ~ 1170℃	常温注入，热退火温度约在 600 ~ 950℃
掩模	二氧化硅	光刻胶、二氧化硅或金属薄膜
工艺卫生	易沾污	高真空、常温注入，清洁
晶格损伤	小	损伤大，退火也难以完全消除
设备、费用	简单、价廉	复杂、费用高
应用	深层掺杂，如大功率器件	浅结的超大规模电路

第6章

化学气相沉积 CVD

6.1 CVD 概述
6.2 CVD 工艺原理
6.3 CVD 工艺方法
6.4 薄膜的沉积

所谓薄膜，是指一种在硅衬底上生长的薄固体物质。薄膜与硅片表面紧密结合，在硅片加工中，通常描述薄膜厚度的单位是纳米（nm）。半导体制造中的薄膜沉积是指在硅片衬底上增加一层均匀薄膜的工艺。在硅片衬底上沉积薄膜有多种技术，主要的沉积技术有化学气相沉积（Chemical Vapor Deposition，CVD）和物理气相沉积（PVD），其他的沉积技术有电镀法、旋涂法和分子束外延法。化学气相沉积是通过混合气体的化学反应生成固体反应物并使其沉积在硅片表面形成薄膜的工艺。化学气相沉积工艺，是将气态源材料通入反应器中，通过化学反应进行薄膜沉积的一种微电子单项工艺。

6.1　CVD 概述

CVD 工艺制备薄膜时，源是以气相方式被输运到反应器内，由于衬底高温或有其他形式能量的激发，源发生化学反应，生成固态的薄膜物质沉积在衬底表面形成薄膜；而生成的其他副产物是气态，被排出反应器。

CVD 是制备薄膜的一种常规方法，具有较好的性质，如附着性好、薄膜保形覆盖能力较强等。当前，在微电子工艺中已经采用和发展了多种 CVD 工艺技术。CVD 的多种工艺方法可以按照工艺特点、工艺温度、反应器内部压力、反应器壁的温度和沉积薄膜化学反应的激活方式等进行分类。

通常是按照工艺特点进行分类，主要有常压化学气相沉积（APCVD）、低压化学气相沉积（LPCVD）、等离子增强化学气相沉积（PECVD）、金属有机物化学气相沉积（MOCVD）、激光诱导化学气相沉积（LCVD）和微波化学气相沉积（MWCVD）等。

如果按照工艺温度分类，有低温 CVD（一般在 200 ~ 500℃）、中温 CVD（多在 500 ~ 800℃）和高温 CVD（多在 800℃以上，目前已很少使用），不同工艺温度下即使制备的是同种材料薄膜，其性质、用途也有所不同。低温工艺 Si_3N_4 薄膜质地较疏松、密度低、抗腐蚀性较差，通常沉积在芯片表面作为钝化膜、保护膜；中温工艺 Si_3N_4 薄膜密度高、抗腐蚀性好，主要作为选择性氧化和各向异性腐蚀的掩蔽膜。

如果按照化学反应的激活方式进行分类，有热 CVD、等离子增强 CVD、激光诱导 CVD、微波 CVD 等。热 CVD 是通过加热衬底激活并维持在衬底上的化学反应来沉积薄膜的方法。

6.2 CVD 工艺原理

6.2.1 薄膜沉积过程

以多晶硅薄膜沉积为例来看薄膜沉积过程。无论是 APCVD、LPCVD 或 PECVD，还是其他何种 CVD 方法，沉积过程都可以分解为以下 5 个基本的连续步骤。

① 氢气和硅烷混合气体以合理的流速从入口进入反应器并向出口流动，反应器尺寸远大于气体分子的自由程，主气流区是层流状态，气体有稳定流速。

② 硅烷从主气流区以扩散方式穿过边界层到达衬底硅片表面，其中边界层是指主气流区与硅片之间流速受到扰动的气体薄层。

③ 硅烷以及在气态分解的含硅原子团被吸附在硅片的表面，成为吸附分子（原子团）。

④ 被吸附的硅和含硅原子团发生表面化学反应，生成的硅原子在衬底上聚集、连接成片、被后续硅原子覆盖成为沉积薄膜。

⑤ 化学反应的气态副产物氢气和未反应的反应剂从衬底表面解吸，扩散穿过边界层进入主气流区，被排出系统。

6.2.2 薄膜质量控制

薄膜质量，主要是指薄膜是否为保形覆盖，界面应力类型与大小，薄膜的致密性、厚度均匀性、附着性等几方面特性。通过分析薄膜的质量特性，对沉积过程进行控制，从而制备出满足微电子工艺所需的薄膜。

（1）台阶覆盖特性

在制备薄膜之前，通常在衬底上已经进行了多个单项工艺操作，衬底表面不再是平面，而是存在台阶。而随着超大规模集成电路集成度的不断提高，单元结构尺寸已进入了深亚微米级，造成衬底表面微结构的深宽比也越来越大。因此，薄膜的台阶覆盖性能成为沉积薄膜质量控制的关键问题。

沉积薄膜会出现如图 6-1 所示的两种台阶覆盖方式：保形覆盖和非保形覆盖。

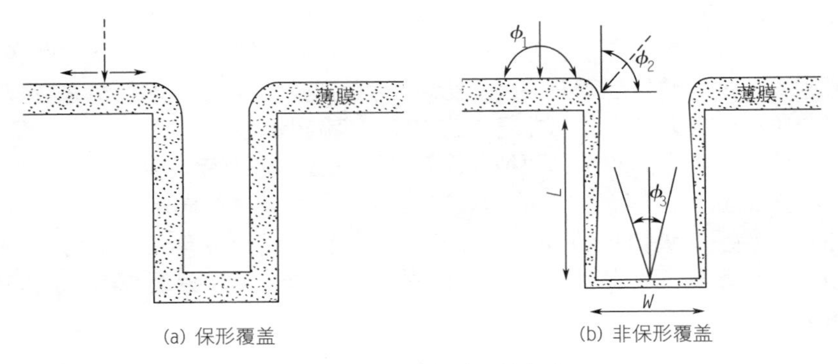

图 6-1　两种台阶覆盖方式

保形覆盖是由同一衬底不同位置薄膜沉积速率是否均匀一致决定的。同一衬底不同位置的温度可以看成是完全相同的，当衬底温度升高时，衬底表面吸附的反应剂和表面反应生成的原子或分子在衬底表面迁移率就会提高，使得在同一衬底不同位置的分布趋于均匀，沉积的薄膜厚度就会趋于均匀。而表面反应剂浓度的影响较为复杂。反应剂分子（或原子团）是通过气相扩散穿过边界层到达衬底表面的，所以表面反应剂的浓度与同一衬底不同位置的到达角及边界层厚度有关。

边界层厚度主要受气体压力和气流状态（或流速）等因素影响。常压沉积，在气体为层流状态时，同一衬底表面的孔洞或沟槽内部气体边界层比平坦部位要厚，深宽比越大的孔洞或沟槽内部的边界层就越厚。所以，在孔洞或沟槽内部，特别是底部角落位置的表面反应剂气体浓度较低，该点沉积的薄膜就薄。

低压沉积，气体仍为层流状态，边界层比常压时要厚，而当反应器内真空度足够高，反应剂原子或分子的平均自由程与孔洞或沟槽的深度相当时，反应剂可以直接穿越边界层入射到孔洞或沟槽底，这时影响表面反应剂浓度的除了同一衬底不同位置的到达角外，还有遮蔽效应。

实际上影响薄膜台阶覆盖情况的因素很多，主要有薄膜种类、沉积方法、反应剂系统和工艺条件（温度、气压、气流）等。对特定薄膜沉积工艺来说，应找出主要影响因素，并综合考虑其他因素带来的影响，从而进行工艺控制，制备出台阶覆盖特性较好的薄膜。

（2）薄膜中的应力

沉积薄膜中通常有应力存在，如果应力过大可能导致薄膜从衬底表面脱落，或导致衬底弯曲，进而影响后面的光刻工艺。因此，有必要分析薄膜中的应力的成因，并通过工艺控制来减小薄膜中的应力。

沉积薄膜中的应力有两种：压应力和张应力（也称拉应力）。薄膜在压应力状态能通过自身的伸展减缓应力，引起衬底向上弯曲；拉应力正好相反，通过自身收缩减缓应力，引起衬底向下弯曲。如图 6-2 所示是沉积薄膜中的两种应力，严重时会导致开裂、分层或者孔洞的形成。

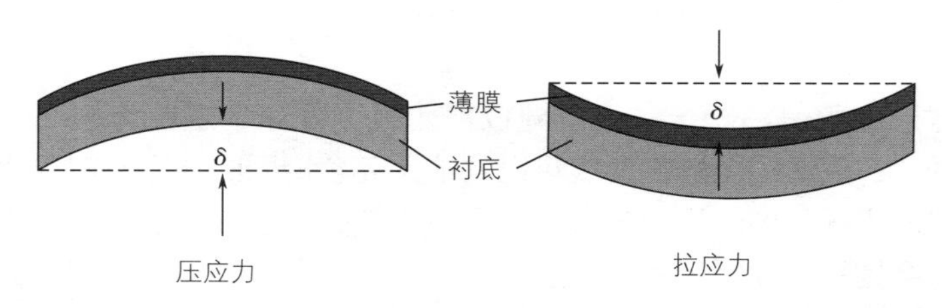

图 6-2　沉积薄膜中的两种应力

CVD 薄膜中的应力按成因可划分为本征应力和非本征应力。通常薄膜中两种应力同时存在。本征应力一般来源于薄膜沉积工艺本身。薄膜沉积时，在衬底表面反应生成的薄膜物分子（或原子）如果缺乏足够的动能或者足够的时间迁移到合适的结点位置（即最低能量状态），而在此之前就又有更多的分子（或原子）生成，并阻止了这种迁移，分子（或原子）就被“冻结”，由此产生的应力就是本征应力。本征应力可以通过薄膜沉积后的高温退火方法释放。退火过程能提供足够的动能，使分子（或原子）重新排列，从而减小沉积过程积累下来的本征应力。非本征应力是由薄膜结构之外的因素引起的。最常见的来源是薄膜沉积过程中的温度高于室温，而薄膜和衬底的热胀系数不同，薄膜沉积完成之后，由沉积温度冷却到室温，即在薄膜中产生应力。

（3）薄膜的致密性

薄膜的致密性主要由沉积过程中的衬底工艺温度决定，在工艺温度范围之内，温度越高越有助于固态薄膜物分子（或原子）在衬底表面的迁移和排列，同时也有利于生成的气态副产物分子从表面解吸、被排出，从而获得高密度的薄膜。

薄膜沉积需要避免沾污物（如可动离子沾污）和颗粒，这需要洁净的薄膜沉积过程和高纯度的材料。对于某些关键的膜层要求其有较高的致密性。与无孔的膜相比，一个多孔的膜致密性低且在一些情况下折射率也更小。

（4）薄膜厚度均匀性

良好的厚度均匀性要求硅片表面各处薄膜厚度一致，厚度均匀性可分为片内均匀性、片间均匀性、批内均匀性以及批间均匀性。材料的电阻会随薄膜厚度的变化而变化，并且膜层越薄，就会有越多的缺陷，如针孔等，这会导致膜本身的机械强度降低。薄膜沉积速率主要由衬底工艺温度和反应剂浓度决定。

（5）薄膜的附着性（黏附性）

良好的黏附性是薄膜必须具备的重要特性之一。黏附性是为了避免薄膜分层和开裂，开裂的膜导致膜表面粗糙并且容易在开裂处引入杂质。对于起隔离作用的膜，开裂会导致短路或者漏电流。薄膜表面的黏附性由表面洁净程度、薄膜能与之结合的材料类型等因素决定。为了获得器件结构的电学和机械学完整性以及较好地进行后续的工艺，薄膜良好的黏附性显得非常重要。

6.3　CVD 工艺方法

CVD 工艺方法种类繁多，在集成电路工艺中采用的主要是 APCVD、LPCVD 和 PECVD 三种方法。随着集成电路工艺技术向深亚微米、纳米方向发展，有更多种 CVD 工艺方法应用到集成电路工艺技术之中，并获得了发展进步。

6.3.1 常压化学气相沉积

常压化学气相沉积（Atmospheric Pressure CVD，APCVD）是最早出现的 CVD 工艺，其沉积过程在大气压力下进行。APCVD 系统结构简单，沉积速率可以超过 0.1μm/min。目前在沉积较厚的介质薄膜（如二氧化硅薄膜）时，仍被普遍采用。

APCVD 设备和气相外延设备很相似，甚至有些类型的设备可以相互通用。图 6-3 所示是几种常用的 APCVD 设备的反应器结构示意图。

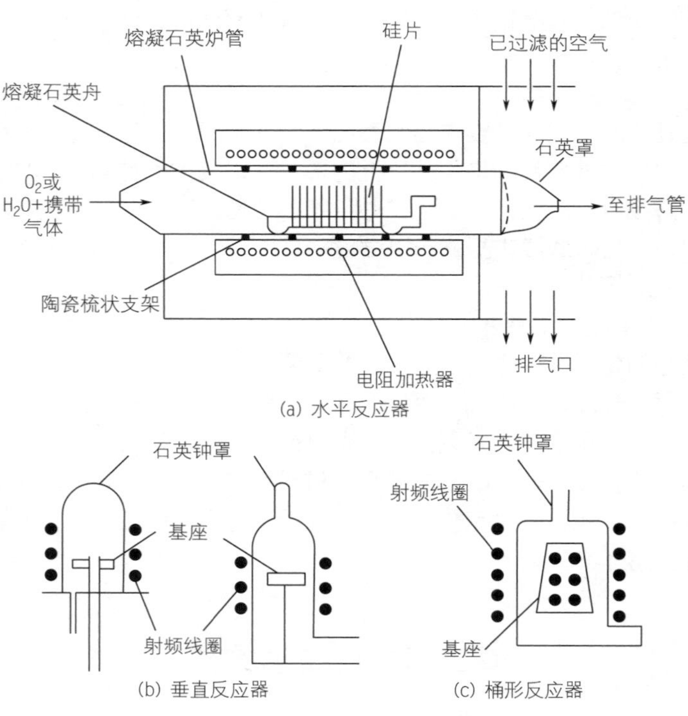

(a) 水平反应器

(b) 垂直反应器　　(c) 桶形反应器

图 6-3　常用的 APCVD 设备示意图

APCVD 的反应器多是采用射频线圈直接对基座（易感器）加热，所以是冷壁式反应器。其中，水平反应器是 APCVD 工艺中应用最早、用途最广的反应器。垂直反应器又称立式反应器，有多种类型，这种反应器对薄膜厚度控制效果良好，实验室用 APCVD 设备通常采用这种类型的反应器。桶形反应器的基座是由旋转平板排列成的一个桶形多面体，这种反应器一次能装载较多硅片，又能较好地控制沉积薄膜的厚度，因此也是使用较多的反应器。

6.3.2　低压化学气相沉积

低压化学气相沉积（Low Pressure CVD，LPCVD）是在 APCVD 之后出现的又一种以热激活方式沉积薄膜的 CVD 工艺方法。通常 LPCVD 的反应器气压在 1 ~ 100Pa 之间调节，主要用于沉积介质薄膜。LPCVD 设备也有多种结构类型，图 6-4 所示是常用 LPCVD 设备示意图。

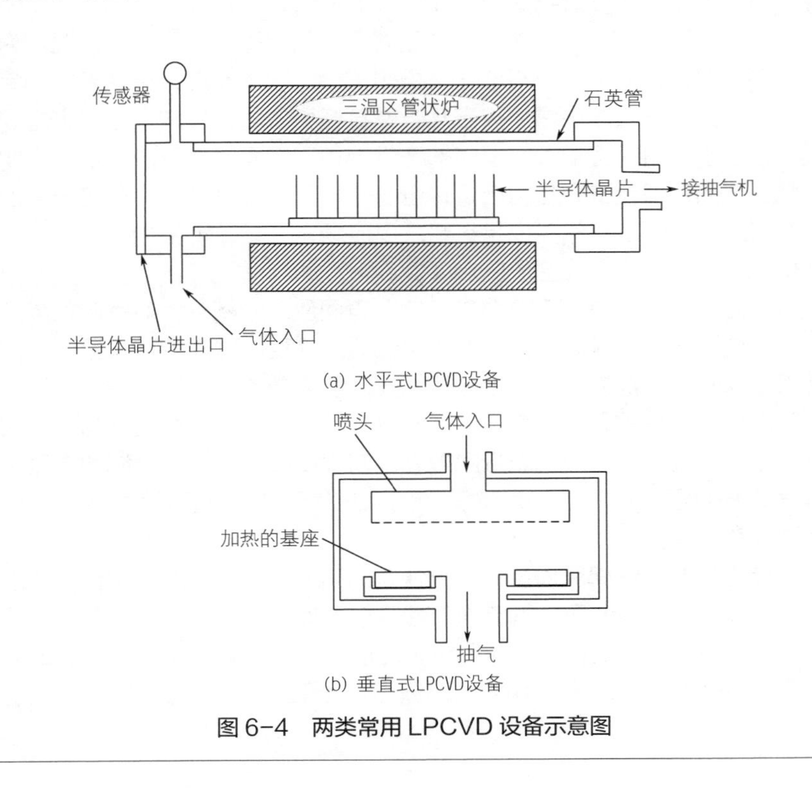

图 6-4　两类常用 LPCVD 设备示意图

LPCVD 水平式反应器与 APCVD 设备的不同之处是除了增加了真空系统以外，还使用普通的电阻加热方式，衬底硅片垂直放置在热壁式反应器（即炉管）内，这些都和普通扩散炉一样。水平式 LPCVD 与 APCVD 相比具有以下优点：衬底的装载量大大增加，可达几百片硅片，更适合大批量生产；气体的用量大为减少，节约了材料；使用结构简单功耗低的电阻加热器，降低了生产成本。因此，水平式 LPCVD 更适合作为批量化生产的标准工艺，目前已基本替代 APCVD 被广泛用于介质薄膜的制备。

与水平式反应器对应的垂直式反应器中，反应剂气体由喷头进入反应室，直接扩散到硅片表面。新型的 LPCVD 设备多是采用垂直式反应器结构，一方面硅片是水平摆放在石英支架上，利于批量生产中机械手装卸硅片；另一方面更利于气流的均匀流动，使反应剂扩散到达衬底硅片表面，沉积的介质薄膜的均匀性好于水平式 LPCVD。

由于水平式 LPCVD 多采用热壁式反应器，整个反应室内的温度为相同的高温，这使得反应剂会在气相和室壁面发生反应，造成颗粒物污染。而若把工作气压由常压降至几十帕甚至更低时，反应剂密度大幅降低，分子平均自由程增长，反应剂在气相和室壁面发生反应的现象会明显减少。而且即使有颗粒物出现，也多会被真空抽气系统从反应器中抽走。因此，降低工作气压也是热壁式反应器避免颗粒污染的有效方法。LPCVD 的颗粒污染现象好于 APCVD。

尽管 LPCVD 是将工艺温度控制在表面反应限制区，对反应剂浓度的均匀性要求不是非常严格，但如果气体是从反应器一端进入另一端被排出，随着反应剂的消耗，沿着气流方向反应剂浓度将逐渐降低，因此衬底硅片上沉积的薄膜厚度也沿气流方向变薄，这种现象被称为气缺效应。气缺效应可通过沿气流方向提高工艺温度来消除，即控制加热器沿着气流方向温度逐步提高。这就如同 APCVD 的基座是沿着气流方向有一倾角一样。

影响 LPCVD 薄膜质量和沉积速率的因素主要有温度、工作气体总压、各种反应剂的分压、气流均匀性及气流速度。另外，工艺卫生对薄膜质量也有很大影响，如果薄膜沉积之前反应室颗粒物清理不彻底或衬底清洗不彻底，就无法获得高质量的沉积薄膜。

6.3.3　等离子增强化学气相沉积

在微电子工艺中，等离子体技术是多个单项工艺中都经常使用的技术，如等离子增强化学气相沉积、溅射、干法刻蚀等，在介绍等离子增强化学气相沉积工艺之前，首先介绍等离子的产生方法及状态特点。

（1）直流气体辉光放电

在通常情况下，气体处于电中性状态，只有极少量的分子受到高能宇宙射线的激发而电离。当有外加电场时，气体放电情况和所加载的电压有关。直流气体辉光放电装置如图 6-5 所示。

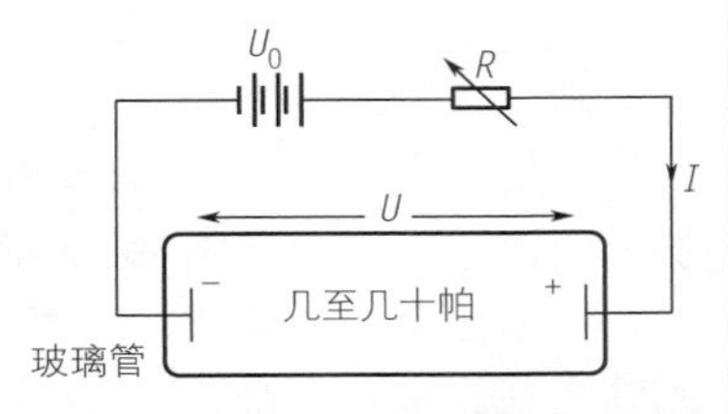

图 6-5　直流气体辉光放电装置

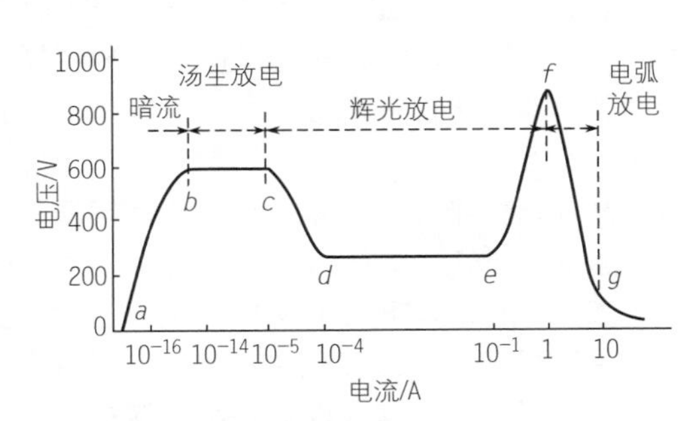

图 6-6　直流气体辉光放电 *I*–*U* 曲线

图 6-6 所示是直流气体辉光放电 *I*–*U* 曲线。在曲线的 *a*—*b* 段是暗流区。在这个区域气体中自然产生的离子和电子做定向运动，运动速度随着电压的增加而加快，电流也就随着电压增加而线性增大。当电压足够大时，带电粒子的运动速度达到饱和值，这时电流达到某一极大值，再增加电压，电流并不随之增加，而且这个电流值的大小取决于气体中的电离分子数。气体在此区间导电而不发光，为无光放电，故称暗流区。

I–*U* 曲线的 *b*—*c* 段称为汤生放电区。当电压继续升高时，外电路转移给电子和离子的能量逐渐增加，电子的运动速度也随之加快，电子

与中性气体分子之间的碰撞不再是低速时的弹性碰撞，而是使气体分子电离，产生正离子和电子；同时正离子对阴极的碰撞也将产生二次电子。新产生的电子和原有的电子继续被电场加速，在碰撞过程中有更多的气体分子被电离，使离子和电子数目呈雪崩式倍增，放电电流也就迅速增大。

无光放电和汤生放电，都是以存在自然电离源为前提的，如果不存在自然电离源，则气体放电不会发生，因此，这种放电方式又称为非自持放电。

曲线的 *c*—*d*—*e*—*f* 段是辉光放电区。在汤生放电之后，气体突然发生电击穿现象，电路中的电流大幅度增加，同时放电电压显著下降。曲线的 *c* 点就是所谓放电的着火点，着火点通常是在阴极的边缘和不规则处出现。从 *c* 点开始进入电流增加而电压下降段，之所以出现负阻现象是因为这时的气体已被击穿，气体内阻将随着电离度的增加而显著下降，这一段是前期辉光放电区。如果再增大电流，那么放电就会进入电压恒定的 *d*—*e* 段，这也就是正常辉光放电区，电流的增加显然与电压无关，而只与阴极上产生辉光的表面积有关。当整个阴极均成为有效放电区之后，也就是整个阴极全部由辉光所覆盖，只有增加功率才能增加阴极的电流密度，从而增大电流，也就是说放电的电压和电流密度将同时增大，此时进入反常辉光放电区，也就是曲线的 *e*—*f* 段。反常辉光放电的特点是两个放电极板之间电压升高时，电流增大，且阴极附近电压降的大小与电流密度和气体真空度有关，因为此时辉光已布满整个阴极，再增加电流时，离子层已无法向四周扩散。这样，正离子层便向阴极靠拢，使正离子层与阴极之间距离缩短，若想再提高电流密度，则必须增大阴极压降使正离子有更大的能量去轰击阴极，使阴极产生更多的二次电子。气体击穿之后，电子和正离子是来源于电子的碰撞和正离子的轰击，即使不存在自然电离源，导电也将继续下去，故这种放电方式又称为自持放电。当气体击穿时，也就是从非自持放电过渡到自持放电的过程。

I–*U* 曲线的 *f*—*g* 段是电弧放电区。随着电流的继续增加，放电电压将再次突然大幅度下降，电流急剧增加，这时的放电现象开始进入电弧放电阶段。

（2）等离子体及其特点

辉光放电时，气体被击穿，有一定的导电性，这种具有一定导电能力的气态混合物是由正离子、电子、光子以及原子、原子团、分子和它们的激发态所组成的，称为等离子体。等离子体内带电粒子所带正、负电荷的数目相等，宏观上呈现电中性。

PECVD、溅射及干法刻蚀等多个集成电路单项工艺中应用的等离子体，通常都是选择在气体的反常辉光放电区，因为在此区域电流是随着电压增加而线性增大的，相对于正常辉光放电区等离子体中的电子和正离子数量较多，能量密度也就较高。

直流气体辉光放电以电容方式激发气体，电极必须是导电材料。等离子体的能量密度较低，放电电压较高，电子和离子只占粒子总数的万分之一左右，自持放电需要由二次电子发射来维持。等离子体的电流密度与阴极材料和气体的种类有关，此外，气体的真空度、阴极板的形状及放电管结构对电流密度的大小也有影响。电流密度随气体真空度的增加而增大，凹面形阴极的电流密度要比平板形阴极大。

PECVD 是利用了等离子体技术的集成电路工艺，产生等离子体的反应器的结构、电极形状等就是依据等离子体特点进行设计的。当前，在集成电路工艺设备中利用直流气体辉光放电现象产生等离子体已不多见。

等离子增强化学气相沉积（Plasma Enhanced CVD，PECVD）是采用等离子体技术把电能耦合到气体中，激活并维持化学反应进行薄膜沉积的一种工艺方法。为了能够在较低温下发生化学气相沉积，必须利用一些能源来提高反应速率，进而降低化学反应对温度的敏感性。PECVD 就是用等离子体来增强较低温度下化学反应速率的。目前，在集成电路工艺中，只要是需要在较低温度沉积的介质薄膜或多晶硅薄膜，通常都采用 PECVD 工艺。

图 6-7 是典型 PECVD 沉积室的示意图。反应气体从底部中央进入室内，沿径向在衬底上流过。将射频功率通过平行板式电极以电容方式与室内气体相耦合，等离子体就在上电极和下电极之间产生。衬底放置在可旋转、控温的下电极上。这种反应器出现得最早，也是应用最为广泛的反应器。但是，由于衬底是单层平放在下电极上，限制了衬底装载量，因此生产效率较低。

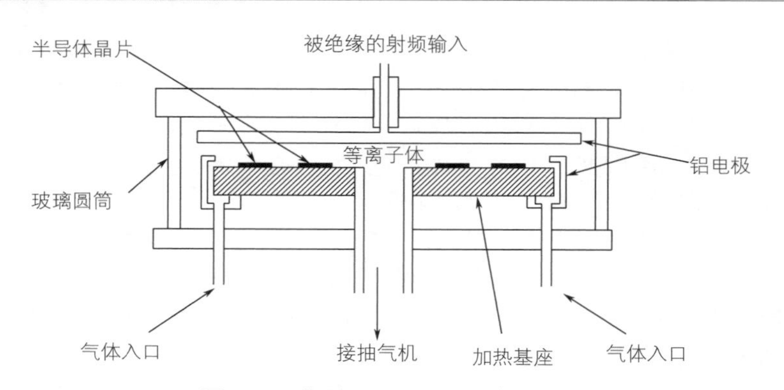

图 6-7　典型 PECVD 沉积室示意图

PECVD 薄膜沉积的过程如图 6-8 所示。

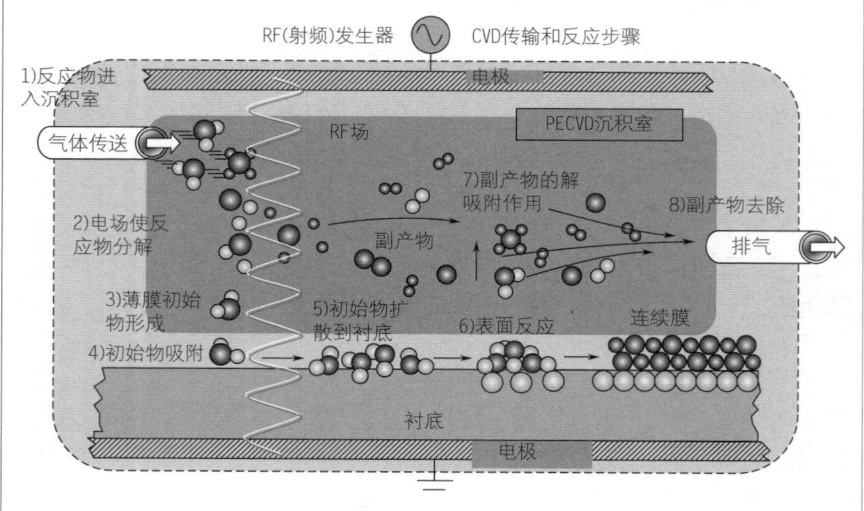

图 6-8　PECVD 薄膜沉积的过程

PECVD 主要工艺过程为：将准备好的衬底硅片放在基座上，关闭沉积室，开启真空泵对沉积室抽真空，同时通冷却循环水，基座升温；当真空度和基座温度达到要求时，将反应气体通入沉积室，调整各种气体的进气流量和工作压力至适当，打开射频发生器并调整输出功率，气体辉光放电，薄膜沉积开始。

离子对衬底的作用主要是对衬底表面的撞击，这有可能使得已沉积物发生溅射，溅射物以不同角度离开时，有一些会沉积在高台阶边缘，从而改善台阶覆盖。溅射也影响薄膜的密度和附着性。衬底电极与等离子体的电势差对离子与表面的相互作用有影响。电势差可能是由外加偏置电场产生的，也可能是由离子撞击表面使之带电而产生的自偏置。离子与表面相互作用会改变薄膜的性质，如改变薄膜内应力。

由以上工艺机理可知，PECVD 除了具有较低工艺温度的优势之外，通常所沉积薄膜的台阶覆盖性、附着性也好于 APCVD。但是，采用 PECVD 得到的薄膜由于沉积温度较低，生成的副产物气体未完全排除，一般含有高浓度的氢，有时也含有相当剂量的水和氮，因此薄膜疏松，密度低。而且薄膜材料多是非理想的化学配比，如制备的氧化膜不是严格的二氧化硅，氮化硅也不是严格的四氮化三硅。如果衬底能够耐受高温的话，通常沉积完成之后进行原位高温烘烤来降低氢的含量，并使薄膜致密，这些烘烤还可以用来控制薄膜应力。

PECVD 系统的示意图如图 6-9 所示。

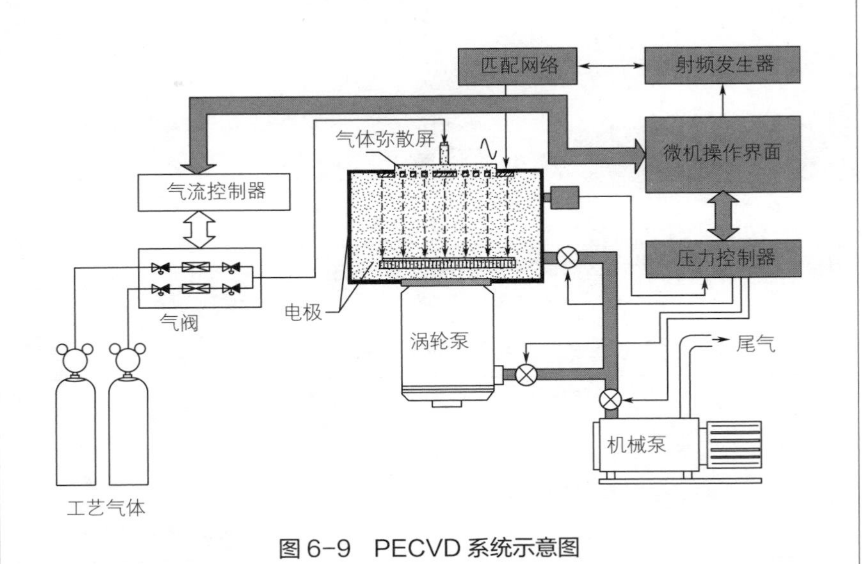

图 6-9　PECVD 系统示意图

PECVD 是典型的表面反应速率控制沉积方法，因此要想保证薄膜的均匀性，就需要精确控制衬底温度。此外，影响薄膜沉积速率与质量的主要因素还有反应器的结构、射频功率的强度和频率、反应剂与稀释剂气体剂量、抽气速率。

PECVD 法制备的薄膜适合作为集成电路或分立器件芯片的钝化和保护介质薄膜。

6.3.4 CVD 工艺方法的进展

集成电路工艺中除了采用上述 3 种 CVD 方法制备薄膜之外，还有热丝化学气相沉积（HWCVD）、MOCVD、LCVD、MWCVD 等。CVD 薄膜制备工艺方法的进展，一方面是常规 LPCVD 和 PECVD 技术的进步，这主要表现在工艺设备的发展完善，如 HDPCVD 等；另一方面是新工艺方法在集成电路工艺中的应用，如 HWCVD 等。

其他类型的 CVD 工艺：

高密度等离子体化学气相沉积（HDPCVD）；

原子层沉积（ALD）；

金属有机物化学气相沉积（MOCVD）；

热丝化学气相沉积（Hot Wire CVD，HWCVD）；

激光诱导化学气相沉积（Laser CVD，LCVD）。

6.4 薄膜的沉积

CVD 是用来制备二氧化硅介质薄膜的主要工艺方法之一，在集成电路工艺中，CVD 法制备各类薄膜的应用极为广泛，如表 6-1 所示。

表 6-1 各类薄膜的 CVD 制备工艺对比

种类	沉积膜种类	反应能量提供方式	沉积温度/℃	沉积速率/(nm/min)	特点
APCVD	SiO_2（包括 PSG、BPSG）	电阻加热热壁	400（TEOS）	100	膜均匀性差、针孔多、颗粒多、台阶覆盖较好、沉积速率非常高、用气量大、成本高

续表

种类	沉积膜种类	反应能量提供方式	沉积温度 /℃	沉积速率 / (nm/min)	特点
LPCVD	SiO_2（包括 PSG、BPSG）	电阻加热热壁	650 ~ 750（TEOS）	10 ~ 15	膜均匀性好、颗粒少、台阶覆盖非常好、成本低，国内外普遍采用
	Si_3N_4	电阻加热热壁	700 ~ 800	10 ~ 15	膜均匀性好、颗粒少、台阶覆盖非常好、成本低，国内外普遍采用
	多晶硅	电阻加热热壁	575 ~ 650	15 ~ 20	膜均匀性好、颗粒少、台阶覆盖非常好、成本低，国内外普遍采用
PECVD	SiO_2（包括 PSG、BPSG）	等离子体冷壁	250 ~ 400（SiH_4）	50 ~ 60	膜均匀性好、颗粒少、台阶覆盖好、沉积温度低、沉积速率较高、成本低
	$Si_xN_yH_z$	等离子体冷壁	250 ~ 400	20 ~ 30	膜均匀性好、颗粒少、应力偏大、成分不成化学比

6.4.1　氮化硅的性质

在微电子工艺中常用的介质薄膜还有氮化硅薄膜，特别是在一些不适合使用二氧化硅薄膜的场合，氮化硅薄膜被广泛使用。氮化硅薄膜通常是采用 CVD 工艺制备。

二氧化硅介质薄膜是构成整个硅平面工艺的基础，但它也有一些缺点，如二氧化硅的抗钠性能差，薄膜内的正电荷会引起 p 型硅的反型、沟道漏电等现象；抗辐射性能也差。因此，在某些情况下采用氮化硅或其他材料的介质薄膜来代替二氧化硅薄膜。

集成电路工艺中使用的氮化硅薄膜是非晶态薄膜，将其理化等特性与二氧化硅薄膜进行比较，可以理解它在集成电路工艺中的广泛用途。

① 氮化硅薄膜抗钠、耐水汽能力强。钠和水汽在氮化硅中的扩散速率都非常慢，且钠和水汽难以溶入其中。另外，薄膜硬度大，耐磨耐划，致密性好，针孔少。因此，氮化硅作为集成电路芯片最外层钝化膜和保护膜有优势。

② 氮化硅的化学稳定性好，耐酸、耐碱特性强。在较低温度与多

数酸碱不发生化学反应，室温下几乎不与氢氟酸或氢氧化钾反应。因此，常作为集成电路浅沟隔离工艺技术的 CMP 的停止层。

③ 氮化硅薄膜的掩蔽能力强。除了对二氧化硅能够掩蔽的 B、P、As、Sb 有掩蔽能力外，还可以掩蔽 Ga、Ln、Zn，因此能作为多种杂质的掩蔽膜。

④ 氮化硅有较高的介电常数，为 6 ~ 9，而 CVD 二氧化硅只有约 4.2，如果代替二氧化硅作为导电薄膜之间的绝缘层，将会造成较大的寄生电容，降低电路的速度，因此不能采用，但这适合作为电容的介质膜，如在 DRAM 电容中作为叠层介质中的绝缘材料。

⑤ 在集成电路工艺的某些场合需要进行选择性热氧化，如 MOS 器件或电路的场区氧化。氮化硅抗氧化能力强，因此可作为选择性热氧化的掩模。

⑥ 氮化硅无论是晶格常数还是热胀系数与硅的失配率都很大，因此，在 SiN/Si 界面硅的缺陷密度大，成为载流子陷阱和复合中心，影响硅的载流子迁移率，从而影响元器件性质；而且氮化硅薄膜应力较大，直接沉积在硅衬底上易出现龟裂现象。因此，通常在硅衬底上沉积氮化硅之前先制备一层薄氧化层作为缓冲层。

集成电路工艺中使用的氮化硅薄膜都是采用 CVD 工艺制备的，主要是 LPCVD 和 PECVD 两种方法。

6.4.2　多晶硅薄膜的应用

在集成电路工艺中，多晶硅（poly-Si）薄膜的用途非常广泛。多晶硅薄膜一般采用 CVD 工艺制备，其中，LPCVD 是最常采用的方法。

多晶硅是由大量单晶硅颗粒（称晶粒）和晶粒间界（又称晶界）构成的。集成电路工艺中的多晶硅薄膜，晶粒尺寸通常在 100nm 左右，晶界宽度在 0.5 ~ 1nm 之间。不同的制备工艺，不同的薄膜厚度，多晶硅的晶粒和晶界尺寸略有不同。尽管在多晶硅薄膜中的晶粒可能是各种取向的都有，但通常存在优先方向。优先方向也是与制备工艺和薄膜厚度有关的。多晶硅薄膜的特性与单晶硅相似，但晶界的存在使得它又具有一些特有性质。

常用的多晶硅薄膜既有未掺杂的本征多晶硅，也有不同掺杂类型、不同掺杂浓度的n型或p型多晶硅。多晶硅的掺杂特性与单晶硅有所不同。晶界是具有高密度缺陷和未饱和悬挂键的区域，对杂质扩散和杂质分布都产生重要影响。在晶界上，掺杂原子的扩散系数明显高于晶粒内部的扩散系数，杂质沿着晶界的快速扩散使得整个多晶硅的杂质扩散速率明显增加。同样，杂质的分布也受到晶界的影响。相同温度下，晶界上杂质的固溶度通常高于晶粒内部，在晶粒/晶界之间出现杂质的分凝现象，分凝系数通常小于1。

多晶硅的导电特性与单晶硅也有所不同。

基于以上特点，多晶硅薄膜在微电子工艺中有许多重要应用。高掺杂的多晶硅薄膜在MOS集成电路中普遍作为栅电极和互连引线。在多层互连工艺中，可以使用多层多晶硅技术，并且可以在多晶硅上热生长或者沉积一层二氧化硅，以保证层与层之间的电学隔离。在自对准工艺技术中，利用多晶硅的耐高温特性可将其作为扩散掩模。低掺杂的多晶硅薄膜在SRAM中用于制作高值负载电阻；也可以用于介质隔离技术，作为深槽（或浅槽）隔离中的填充物。

6.4.3 CVD金属及金属化合物

由于CVD工艺制备的薄膜具有台阶覆盖特性好、工艺温度较低等优点，因此，在集成电路互连系统中使用的金属、金属硅化物和氮化物薄膜的CVD工艺也不断开发出来，如CVD钨、硅化钨及氮化钛已应用于超大规模集成电路的生产工艺中。

在集成电路中，难熔金属钨（W）、钛（Ti）、钽（Ta）、钼（Mo）等普遍应用于金属互连系统，其中W在集成电路多层互连技术中使用得最为广泛。主要有两方面用途：其一是作为连接两层金属之间通孔的填充插塞（Plug），图6-10所示是上、下导电层使用“插塞”电连接示意图；其二是作为局部互连材料。

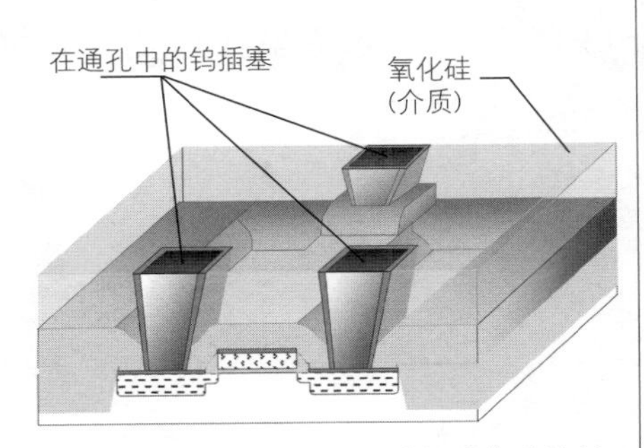

图6-10 上、下导电层“插塞”电连接示意图

在多层互连系统中，上下两层金属之间电连接通孔的填充方式有“钉头”和“插塞”，从图 6-11 中可以看出“插塞”所占面积小，更适合在超大规模集成电路中采用。CVD-W 有较好的台阶覆盖能力和通孔填充能力，CVD 工艺制备的钨插塞可以填充孔径较小、深宽比较大的通孔。

在集成电路制造中用到多种金属化合物薄膜，例如，在多晶硅/难熔金属硅化物（Polycide）多层栅结构中应用的金属硅化物，如 WSi_2、$TaSi_2$ 和 $MoSi_2$ 等；在金属多层互连系统中的附着层和（或）扩散阻挡层的氮化物，如 TiN 等。集成电路中的钛多晶硅化物的应用如图 6-11 所示。

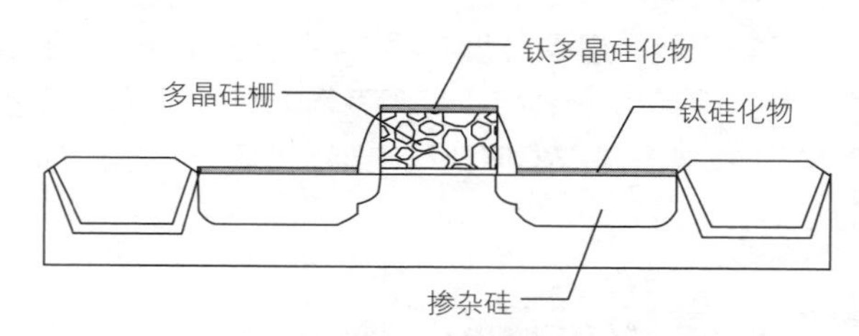

图 6-11　钛多晶硅化物的应用

由于 LPCVD 工艺要求的真空度不高，适合大批量生产，沉积的薄膜比 PVD 薄膜的台阶覆盖性更好，因此，金属化合物薄膜已由传统的 PVD 工艺，到开始采用 LPCVD 工艺。例如，LPCVD-WSi_2、LPCVD-TiN 薄膜已得到广泛应用，成为集成电路的标准工艺。

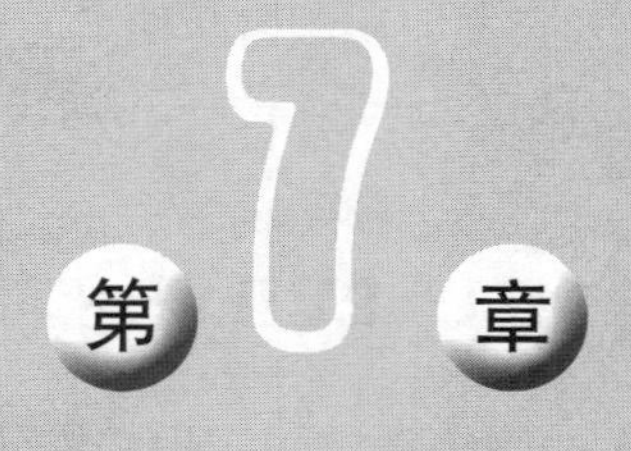

物理气相沉积 PVD

7.1 PVD 概述
7.2 真空系统及真空的获得
7.3 真空蒸镀
7.4 溅射
7.5 金属与铜互连引线

物理气相沉积（Physical Vapor Deposition，PVD）是一种重要的薄膜制备工艺，主要有真空蒸镀和溅射两种工艺方法，集成电路制造技术中多数金属、合金及金属化合物薄膜多采用物理气相沉积工艺来制备。

7.1　PVD 概述

物理气相沉积是指利用物理过程实现物质转移，将原子或分子由（靶）源气相转移到衬底表面形成薄膜的过程。相对于 CVD 而言，PVD 的工艺温度低，衬底温度可以从室温至几百摄氏度范围；工艺原理简单，能用于制备各种薄膜。但是，所制备薄膜的台阶覆盖特性、附着性、致密性不如 CVD 薄膜。

PVD 工艺主要用于芯片制作后期的金属类薄膜的制备，如芯片的金属接触电极，互连系统中的金属布线、附着层和阻挡层合金及金属硅化物，以及其他用 CVD 工艺难以沉积的薄膜等。

在集成电路制造技术中常用的 PVD 方法主要有两种：蒸镀（又称真空蒸镀）和溅射。如图 7–1 所示是两种 PVD 方法示意图。

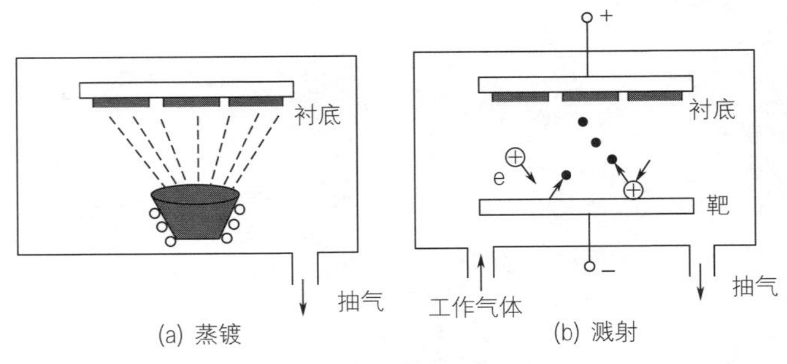

图 7–1　两种 PVD 方法示意图

蒸镀为在高真空室内加热源材料使之气化，源气相转移到达衬底，在衬底表面凝结形成薄膜。主要有电阻蒸镀、电子束蒸镀、激光蒸镀等多种形式。

溅射则是在一定真空度下，使气体等离子化，其中的离子轰击靶阴极，逸出靶原子等粒子气相转移到达衬底，在衬底表面沉积成膜。主要有直流溅射、射频溅射、磁控溅射等多种形式。

真空蒸镀存在薄膜的附着性、工艺重复性、台阶覆盖性不够理想等缺点，主要用于光刻剥离技术，如图 7-2 所示。目前，随着蒸镀设备和工艺技术的发展进步，常用的电子束蒸镀方法在微电子生产及科研方面的薄膜制备中仍有广泛应用。

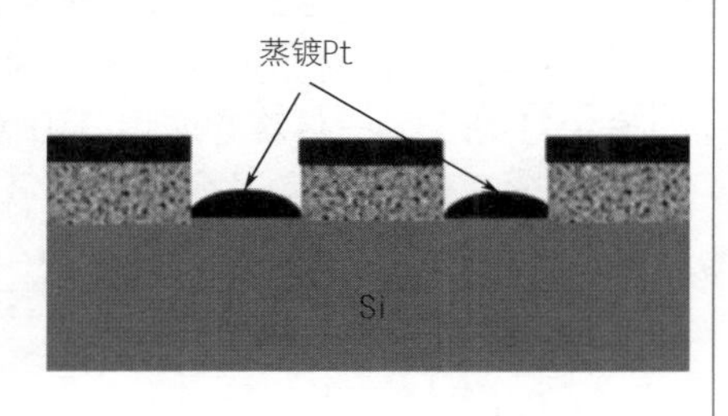

图 7-2　光刻剥离技术

溅射是当前集成电路制造技术中制备金属、合金和金属硅化物薄膜时常采用的 PVD 方法，这种方法几乎可以制备任何固态物质的薄膜。与蒸镀相比，溅射薄膜具有附着性好、台阶覆盖能力较强，在沉积多元化合金薄膜时，化学成分更容易控制等优点；但也存在薄膜沉积速率较低、衬底温度较高、设备更复杂、造价较高等缺点。随着溅射设备、高纯靶材、高纯气体和工艺技术的发展进步，溅射薄膜的质量也得到了很大的改善，其中，以当前常用的磁控溅射方法制备薄膜的沉积速率和薄膜质量也获得了很大提高。

7.2　真空系统及真空的获得

微电子芯片制造的多个单项工艺是在真空系统中进行的，如 PVD 中的真空蒸镀就要求在高真空系统中进行薄膜沉积，溅射也要求在有一定真空度的系统中完成，而 MBE 更是在超高真空度下进行的外延层生长。因此，集成电路制造技术中获得和保持一定的真空度非常重要，如真空蒸镀工艺，蒸镀系统的真空度是保证所制备薄膜性能和质量的必备条件。

在微电子工艺中不同的工艺方法要求的真空度范围不同，通常将真空度大致划分为四个级别。在不同的真空度范围，气体分子也处于不同的运动状态，这对于具体的工艺过程有重要影响。

大部分工艺设备工作在低真空度或中真空度范围。为了获得洁净的工艺环境，真空室在通入工艺气体之前，通常将室内基压抽吸到高真空度或超高真空度范围。如蒸镀工艺，先将真空室的基压抽吸达到高真空度范围，镀膜开始后源材料的蒸发使得真空室的真空度降至中真空度范围；溅射工艺，真空室的基压也多在高真空度范围，通入工艺气体后气体等离子化，继而开始溅射，此时的真空度通常在低、中真空度范围。如表 7-1 所示为气体真空度划分和气体分子的运动特点。

表 7-1　气体真空度划分和气体分子的运动特点

真空划分	压力		分子运动特点	
	Pa（$1Pa=1N/m^2$）	Torr（1Torr=133Pa）	条件	运动状态
低真空	10^5 ~ 10^2	760 ~ 1	$\lambda \ll d$	黏滞流
中真空	10^2 ~ 10^{-1}	1 ~ 10^{-3}	d 和 λ 尺寸接近	中间流
高真空	10^{-1} ~ 10^{-5}	10^{-3} ~ 10^{-7}	$\lambda > d$	分子流
超高真空	< 10^{-5}	< 10^{-7}	$\lambda \gg d$	分子流

以物理方法抽取真空室气体提高室内真空度的设备称为真空泵，要获取不同的真空度，所采用的真空设备不同。

低、中真空的获得通常采用机械泵。这类泵是通过活塞、叶片或柱塞的机械运动将气体正向移位，其过程可以概括为 3 个步骤：先是捕捉一定体积的气体，再对所捕捉的气体进行压缩，最后排出气体。这类泵是通过压缩气体进行工作的，因此又称为压缩泵。压缩泵气体出口和入口的压力比值称为压缩比，压缩比是这类真空泵的重要参数。例如，如果排出气体的压力是 1atm[1]，压缩比是 100 ：1 时，此泵能实现的最低压力是 0.01atm（1kPa）。若要在气体入口和出口之间产生更高的压力差，可以用多个压缩泵串联，即多级连接来实现。

高真空、超高真空的获得通常是在初级泵气体入口端串接次级泵，即由两级或三级，甚至更多级泵系统构成。常用的次级泵是扩散泵或者分子泵。为获得清洁的超高真空，三级泵还常采用气体吸附泵，如低温泵、钛升华泵等。

[1] 1 atm=760 Torr=1.013×10^5Pa。

真空系统中的气体压力，即真空度可以用多种不同的真空计（又称真空规）来测量。常用的真空计主要有电容压力计、热偶规、电离规和复合真空计。热偶规的构造原理图如图 7-3 所示。

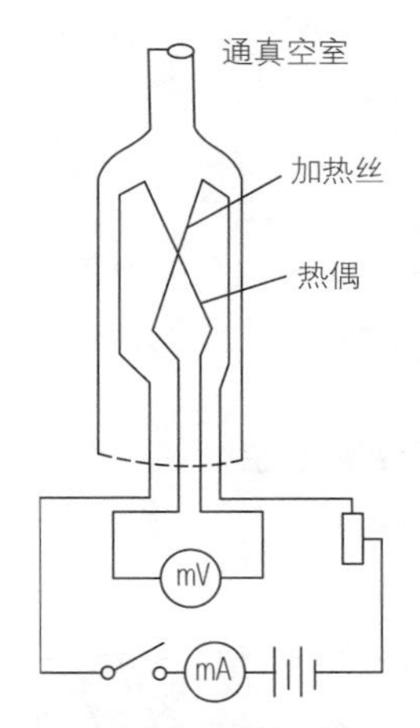

图 7-3　热偶规的构造原理图

7.3　真空蒸镀

真空蒸镀（Vacuum Evaporation）又称为真空蒸发，是把装有衬底的真空室抽吸至高真空度，然后加热源材料使其蒸发或者升华，形成源蒸气流入射到衬底表面，最终在衬底凝结形成固态薄膜的一种工艺技术。真空蒸镀的示意图如图 7-4 所示。

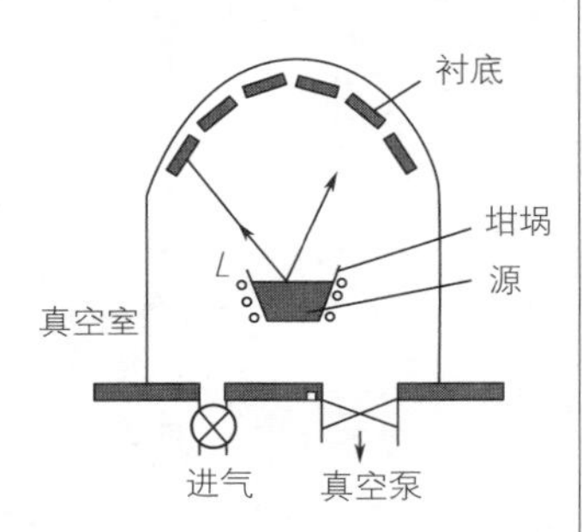

图 7-4　真空蒸镀的示意图

7.3.1　工艺原理

以真空蒸镀方法制备薄膜，可将其分解为 3 个基本过程：蒸发过程、气相输运过程、成膜过程。通过分析这 3 个基本过程来看蒸镀薄膜的工艺原理。

（1）蒸发过程

蒸发过程是蒸发源原子（或分子）从固体或液体表面逸出成为蒸气原子（分子）的过程。固态物质受热（或其他能量）激发，温度升高至熔点，熔化，再升至沸点，蒸发；或者由固态直接升华为气态。

对大多数金属及化合物源而言，需要加热至熔化之后才能有效地蒸发。只有少数源材料，如 Mg、Cd、Zn 等是直接升华的。

在任何温度条件下，固态（或液态）物质周围环境中都存在着该物质的蒸气，平衡时的蒸气压强被称为该物质的平衡蒸气压，又称饱和蒸气压。只有当周围环境中该物质的蒸气分压低于它的平衡蒸气压时，才可能有该物质的净蒸发。

任何物质的平衡蒸气压都是温度的函数，随着温度升高而迅速增大。图 7-5 所示是常用金属的平衡蒸气压温度曲线。

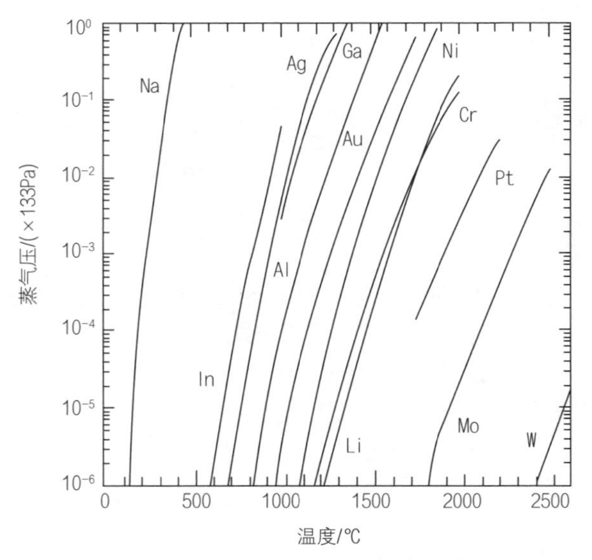

图 7-5　常用金属的平衡蒸气压温度曲线

蒸发速率的公式如下。

由气压可推导得到气体分子流通量为：

$$J_n = \sqrt{\frac{P^2}{2\pi kTM}}$$

源被蒸发时，假设坩埚内的源都已经熔化，由 J_n 可得到坩埚面积为 A 时源的质量消耗率：

$$R_{ML} = J_n MA = \sqrt{\frac{P_e^2 M}{2\pi kT_e}} \times A$$

由此可知源的蒸发速率与源材料、蒸发温度、蒸发面积有关。以铝为例，在规定蒸发温度（1250℃）时，单位蒸发面积的质量消耗率为 0.775g/（cm^2 · s）。

（2）气相输运过程

气相输运过程是源蒸气从源到衬底表面之间的质量输运过程。蒸气原子在飞行过程中可能与真空室内的残余气体分子发生碰撞，两次碰撞之间飞行的平均距离称为蒸气原子的平均自由程 λ 。

原子平均自由程：

$$\lambda = \frac{kT}{\sqrt{2}\pi d^2 P} \propto \frac{1}{P}$$

可知，真空室的真空度越高，蒸气原子的平均自由程就越大。

（3）成膜过程

成膜过程是到达衬底的蒸发原子在衬底表面先成核再成膜的过程。整个蒸镀过程包含了吸附→成核→连片→生长几个步骤。

蒸气分子动能很低，被吸附后再蒸发得很少，在表面扩散移动，碰上其他分子便凝聚成团，当分子团达到临界大小时就形成趋于稳定的核。进一步沉积，岛状的核不断扩大，直至延展成片，继续生长就形成薄膜了。蒸镀工艺中的“镀”字指的就是成膜过程。

薄膜沉积速率：

$$R_d = \frac{J_d}{\rho} = K\sqrt{\frac{M}{2\pi kT_e}} \times \frac{P_e}{\rho} \times A$$

7.3.2　蒸镀设备

真空蒸镀设备有多种类型，不同工艺方法采用的设备也有所不同。

而且，随着工艺技术的发展，蒸镀设备的发展也非常迅速。尽管如此，所有蒸镀设备都由以下 4 部分组成：真空室、真空系统、监测系统及控制台。图 7-6 所示是真空蒸镀系统示意图。

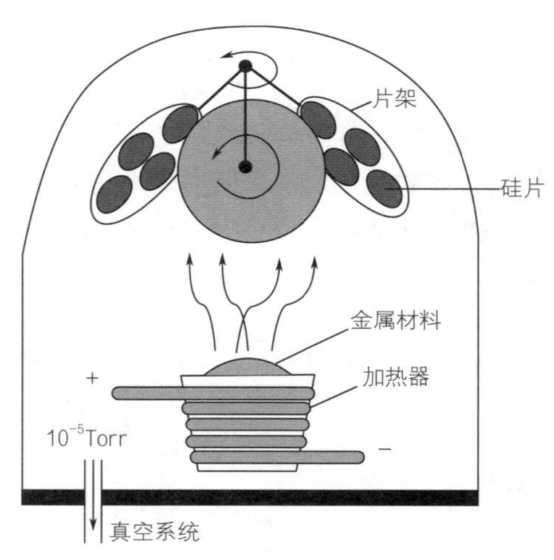

图 7-6　真空蒸镀系统示意图

在真空蒸镀设备中，源加热器是设备的核心部分，加热方式代表了蒸镀工艺的发展水平，工艺方法也往往按照加热方式的不同来划分，如用电阻加热器加热源的蒸镀称为电阻蒸镀，用电子束加热器加热源的蒸镀称为电子束蒸镀等。

当前，蒸镀设备主要采用的加热器类型及性能特点如下。

① 电阻加热器。它是利用电功率为源提供能量使源蒸发的。加热器材料多为难熔金属，如钨、钼、钽等，制成螺旋式、锥形篮式、舟式、坩埚式等式样。典型的电阻加热器结构如图 7-7 所示。

选择加热器材料时应考虑材料熔点应高，饱和蒸气压应低，化学性能应稳定。而加热器的形状应视蒸发源形状而定，丝状的源（如铝丝、金丝）可以挂在螺旋式加热器上；颗粒状或块状的源（如铬粒）可以放置在锥形篮式加热器上；粉末状源（如银粉）可以摆放在舟式或坩埚式加热器上。

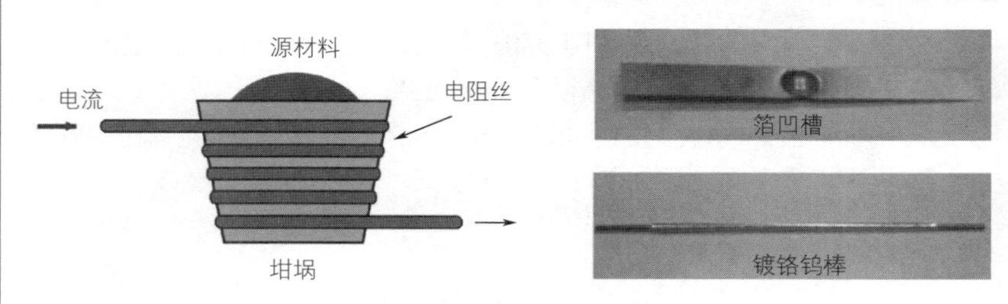

图 7–7　典型的电阻加热器结构

电阻加热器结构简单、使用方便，但不能用于蒸镀某些难熔金属和高熔点氧化物材料，加热器材料的痕量挥发会给所制备的薄膜带来污染，高温加热器甚至会熔断。

② 电感加热器。它是利用电感在导电的金属源中产生的涡流电功率来对源加热的。电感加热器示意图如图 7–8 所示，一般由氮化硼（BN）制成坩埚，金属线圈绕在坩埚上，在这个线圈上加载射频功率，坩埚内的源材料中就感应出涡流电流，电热使源蒸发。线圈本身用水冷，保持温度低于 100℃，有效地避免了线圈材料的损耗。

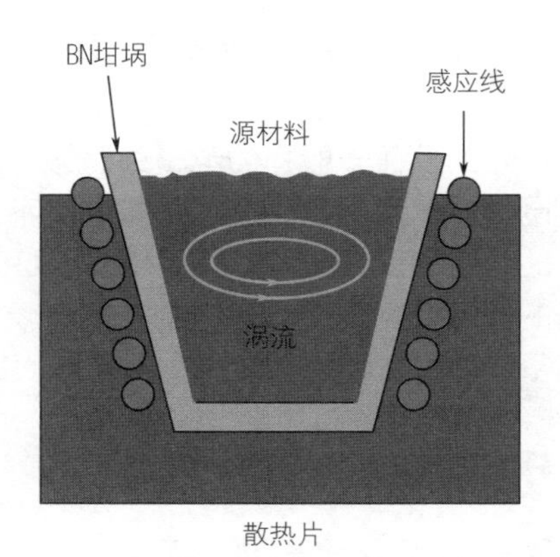

图 7–8　电感加热器示意图

电感加热器可以用于蒸发难熔金属，如钛、钨、钼、钽、铂等。相对于电阻加热器而言，蒸镀薄膜纯净，但电感加热器功耗更大。

③ 电子束加热器。它是利用高能电子束轰击源材料，以此为源提供能量使其蒸发的。电子束加热器示意图如图 7-9 所示，从坩埚下面的电子枪中喷射出有一定强度的高能电子束，用强磁场将束流弯曲 270°使之轰击蒸发源表面，源材料受电子束轰击，获得能量，蒸发。

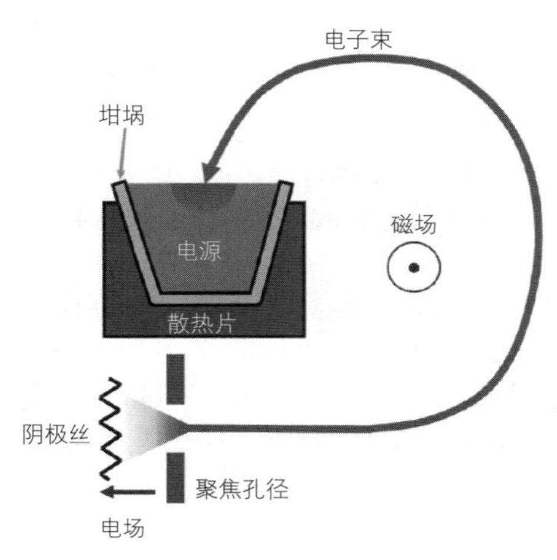

图 7-9　**电子束加热器示意图**

采用电子束加热器的蒸镀一般称为电子束蒸镀，这种蒸镀方法可以制备的薄膜材料范围很广，难熔金属、在蒸发温度不分解的化合物，以及合金等都能容易地从电子束中获取能量而蒸发，如钨、铂、氮化钛等。电子束蒸镀所制备的薄膜较电阻加热方法制备的薄膜更纯净。但是，采用电子束蒸镀所制备的薄膜，特别要注意辐射对衬底的损伤。

7.3.3　多组分蒸镀工艺

薄膜的沉积，需要根据材料的特性，主要有薄膜材料成分，各种成分的熔点、沸点、分解温度、平衡蒸气压温度曲线、相图等。以此来确定蒸发方法和温度。

对于单质材料，由平衡蒸气压温度曲线就能确定源大致的蒸发温度。对于多组分材料，应先确定蒸发方法，然后再确定蒸发温度。如图

7-10 ~图 7-12 分别展示多组分蒸发主要的三种方法：单源蒸发、多源同时蒸发和多源顺次蒸发。

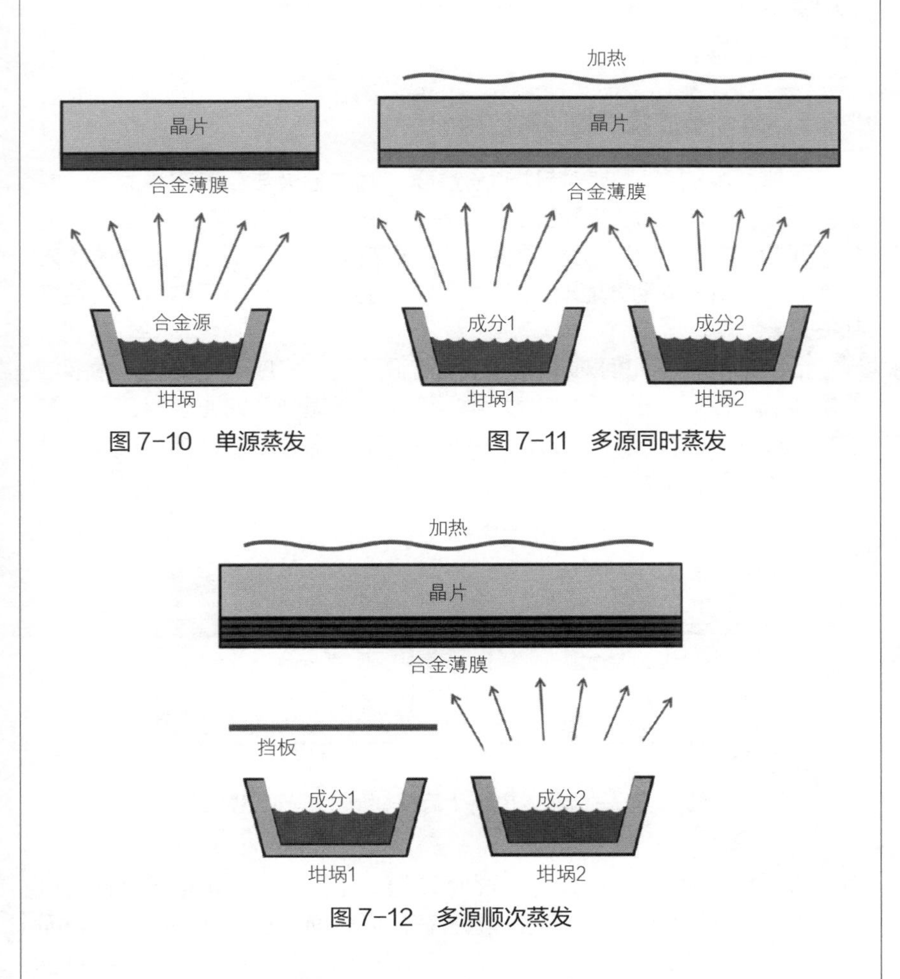

图 7-10　单源蒸发

图 7-11　多源同时蒸发

图 7-12　多源顺次蒸发

如果源材料各组分的平衡蒸气压接近，采用单源蒸发方法，取各组分的规定蒸发温度的平均值作为试蒸发温度，再由实验确定蒸发温度。

多源同时蒸发方法是将源材料各组成成分放入多个坩埚，同时加热蒸发来沉积某种合金薄膜的。

多源顺次蒸发是多源同时蒸发的一种替代方法。可以在多源系统中用打开与关断挡板的方法来实现多种成分的顺次交替沉积。沉积完成后，高温退火让各组分互相扩散，从而形成合金。这种方法要求衬底必须能承受退火温度。

7.3.4 蒸镀薄膜的质量控制

蒸镀薄膜的台阶覆盖特性非常重要，对内电极或互连布线而言，希望所沉积薄膜的台阶覆盖特性好，是保形覆盖；而对光刻剥离技术中的金属薄膜而言，希望所沉积薄膜是非保形覆盖，在窗口台阶处的薄膜发生断裂。另外，蒸镀薄膜的附着性、致密性、成分及微观结构等特性也都很重要。

台阶覆盖特性如何对蒸镀薄膜而言很重要。集成电路制造技术通常希望所沉积薄膜的保形覆盖能力强，而真空蒸镀制备的薄膜存在台阶覆盖特性较差问题。图 7-13 所示是在表面深宽比为 1 的微结构衬底上蒸镀薄膜的台阶覆盖特性。

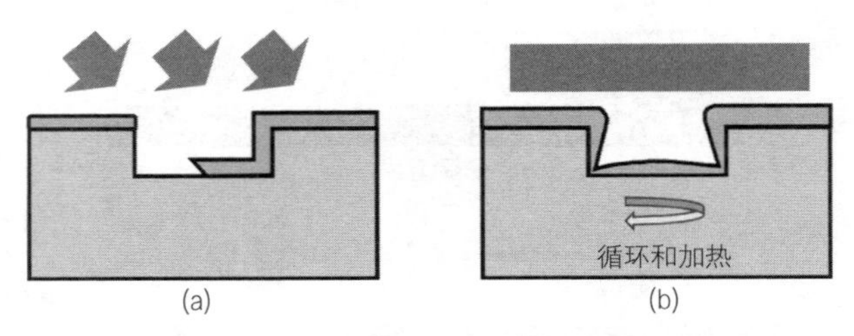

图 7-13 在微结构衬底上蒸镀薄膜的台阶覆盖特性

通过衬底加热和衬底旋转，能够改善真空蒸镀的台阶覆盖特性。这是因为当衬底温度低时，被吸附原子在衬底表面的扩散迁移率很低，而蒸发原子是直线到达衬底的，如果衬底不转动，在不平坦衬底上高形貌差将投射出一定的阴影区，所沉积的薄膜也就不能全覆盖，如图 7-13（a）所示。如果衬底被加热，蒸发原子在衬底表面的扩散速率就会有所提高，若此时还旋转衬底，阴影区减少甚至消失，沉积薄膜就能实现全覆盖，还可以改善所沉积薄膜厚度的均匀性，如图 7-13（b）所示。

蒸发的最大缺点是不能产生均匀的台阶覆盖。虽然通过片架的“公转”加“自转”，在台阶覆盖方面取得了一些进步，但是在现代超大规模集成电路制造技术中，金属化需要能够填充具有高深宽比的孔，并且产生等角的台阶覆盖。然而蒸发技术在高深宽比的孔填充方面远远不能满足需要，所以导致蒸发在现代 IC 生产中被淘汰。

蒸发的另一个缺点是对沉积合金的限制。由于合金是由两种金属材料组成，而两种金属就会有两种不同的熔点，这使得利用蒸发法使合金材料按原合金比例被沉积到硅片上是不可能的。

另外，在光刻剥离技术中，为利于沉积在光刻胶上的金属或合金薄膜的剥离，通常尽量降低蒸镀时的衬底温度，如采取冷蒸方法，如图 7-14 所示。

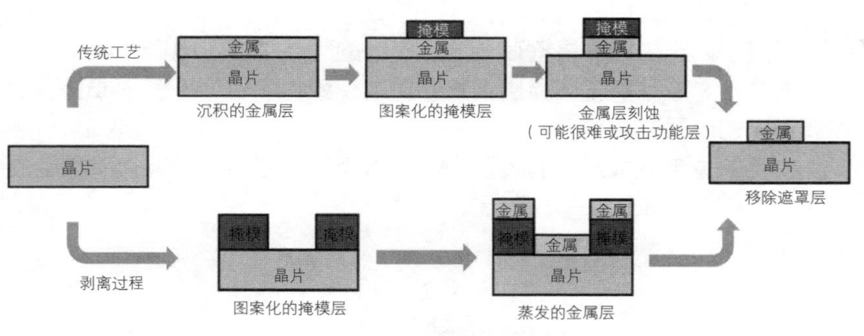

图 7-14　光刻剥离技术

7.4　溅射

溅射（Sputter）现象是 1852 年在气体辉光放电中第一次观察到的，在 20 世纪 20 年代，Langmuir 将其发展成为一种薄膜沉积技术。溅射是物理气相沉积（PVD）的另一种沉积形式。与蒸镀一样，也是一个物理过程，但是它对真空度的要求不像蒸镀那么高，通入氩气前后分别是 10^{-7}Torr 和 10^{-3}Torr。溅射是利用高能粒子撞击具有高纯度的靶材料固体平板，按物理过程撞击出原子，被撞出的原子穿过真空最后沉积在硅片上。

溅射工艺中高纯靶材料（纯度要求 99.999% 以上）平板接地被称

为阴极，衬底具有正电势，被称为阳极。在高电压作用下真空腔内的氩气经辉光放电后产生的高密度阳离子（Ar^+）被强烈吸引到负电极并以高速率轰击靶平板。从靶平板溅射出的原子在腔体中散开，最后停留在硅片和腔体壁上，这使得一些系统中清理腔体成为必要。停留在硅片上的原子逐渐成核并生长为薄膜。

从机理上分析，可以将整个溅射分解为 4 个过程进行讨论：等离子体产生过程、离子轰击靶过程、靶原子气相输运过程及沉积成膜过程。

7.4.1 工艺原理

溅射工艺原理较为复杂，影响薄膜沉积的因素很多。

（1）等离子体产生过程

等离子体产生过程是指在一定真空度的气体中通过电极加载电场，气体被击穿形成等离子体，出现辉光放电现象，即气体原子（或分子）被离子化的过程。

传统的直流平板式溅射装置中都是将靶安装在阴极板上，而衬底放置在阳极板上，如图 7–15 所示。

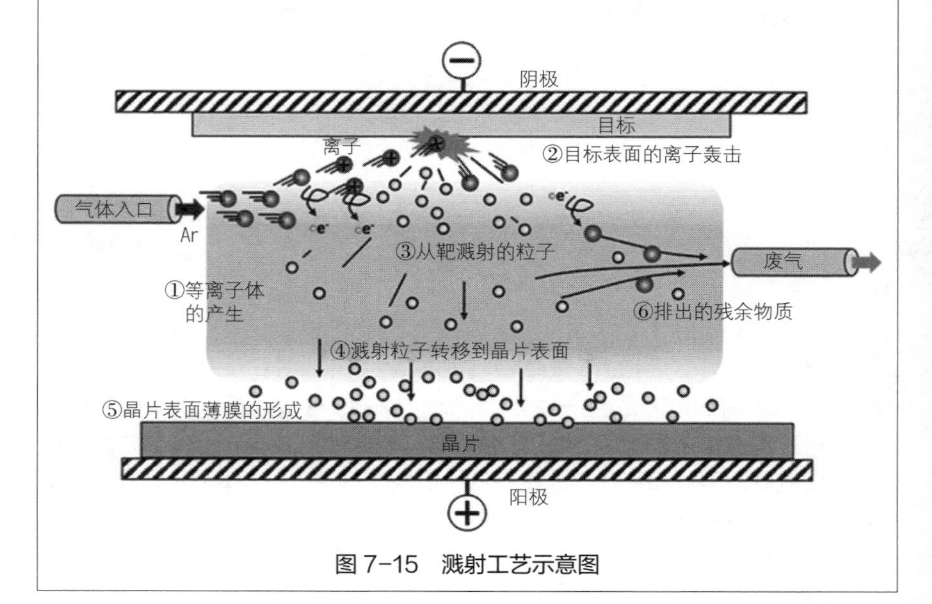

图 7–15 溅射工艺示意图

溅射工艺就是使等离子体中的离子轰击靶，溅射出的靶原子飞落到衬底上，从而沉积形成薄膜。因此，离子浓度的高低直接关系到薄膜沉积的快慢。为此，大多数溅射工艺中真空室内气体压力都较高，通常控制在 1 ~ 100Pa 之间。而离子是自由电子碰撞气体原子（或分子）时，转移能量高于电离能从而离化成离子的。

不同气体的电离能不同，表 7-2 给出了一些常用气体的第一与第二电离能。

表 7-2　常用气体的第一与第二电离能

原子	第一电离能 /eV	第二电离能 /eV
氦（He）	24.586	54.416
氮（N）	14.534	29.601
氧（O）	13.618	25.116
氩（Ar）	-15.759	27.629

等离子体中离子浓度主要和工作气体的气压有关。在原子电离概率相同时，升高工作气体压力，离子浓度也相应升高。而在相同气压下，原子电离概率主要是由激发等离子体的电（磁）场特性决定的。升高两个极板之间的电压，电子在电场中获得的能量增加，在轰击原子时可转移的能量也增加，原子电离概率增加。

（2）离子轰击靶过程

离子轰击靶过程是指等离子体中的离子在电场作用下加速轰击阴极靶，靶原子（及其他粒子）飞溅离开靶表面的过程。如图 7-16 所示为离子轰击固体表面时可能发生的物理现象，即可能发生 4 种现象，

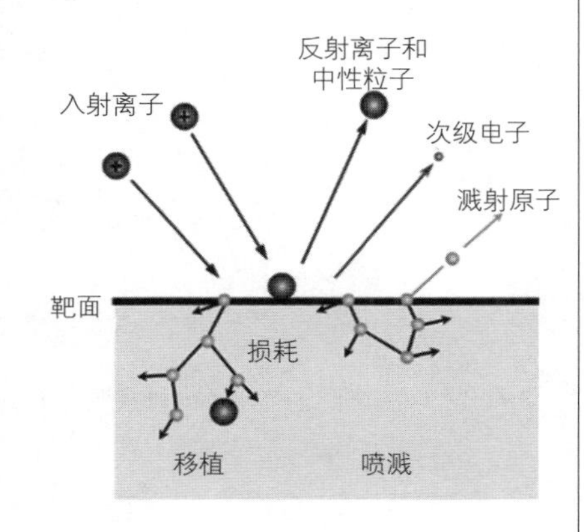

图 7-16　离子轰击固体表面时可能发生的物理现象

而溅射现象仅仅是离子对固体表面轰击时可能发生的现象之一。

出现的现象主要取决于入射离子的能量。①能量很低的离子会从表面简单地反弹回气相；②能量低于 10eV 的离子会吸附于固体表面，以热（声子）形式释放其能量；③能量大于 10keV 的离子，将穿越固体表面数层原子，释放出大多数能量，改变了衬底的物理结构，成为注入离子；④能量在 10eV ~ 10keV 之间时，离子的一部分能量以热的形式释放，其余部分能量转化为与表层原子碰撞造成原子逸出时的动能，逸出原子携带的能量在 10 ~ 50eV 之间。从固体表面逸出颗粒物质的机理相当复杂，涉及化学键的断裂和物理位移耦合作用。

薄膜沉积的速率与溅射率有关，溅射率越高可沉积到衬底的原子就越多，薄膜沉积速率就越快。

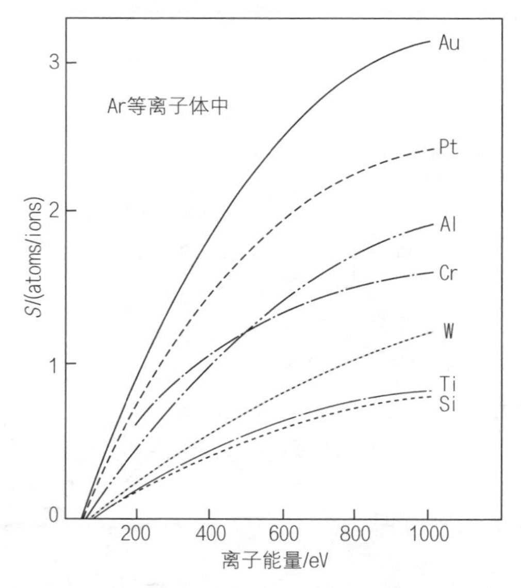

图 7-17　Ar 等离子体中不同种类靶材的溅射率与垂直入射 Ar 离子能量的关系曲线

影响溅射率的因素主要有：①入射离子。包括入射离子的能量、入射角、靶原子质量与入射离子质量之比、入射离子种类等。②靶。包括靶原子的原子序数、靶表面原子的结合状态、结晶取向，以及靶材是纯金属、合金或化合物等。③温度。一般认为在和升华能密切相关的某一温度内，溅射率几乎不随温度变化而变化，当温度超过这一范围时，溅射率有迅速增加的趋向。

如图 7–17 所示是 Ar 等离子体中不同种类靶材的溅射率与垂直入射 Ar 离子能量的关系曲线。对于每一种靶材，都存在一个能量阈值，低于此阈值，不会发生溅射。典型的阈值能量在 10 ~ 30eV 范围内。能量略大于阈值时，溅射率随能量的平方增加，直到 100eV 左右；此后，溅射率随能量线性增加，至 750eV 左右；750eV 以上，溅射率只是略有增加。最大溅射率一般在 1keV 左右时。再增大能量将发生离子注入。

溅射率与入射离子种类的关系，总的来说是随着离子质量增加而增大的。图 7–18 所示是溅射率与轰击离子的原子序数的关系曲线。由曲线可知，对于填满或接近填满价电子壳层的轰击离子，溅射率大。惰性气体离子，如 Ar、Kr 和 Xe 有较大的溅射率。

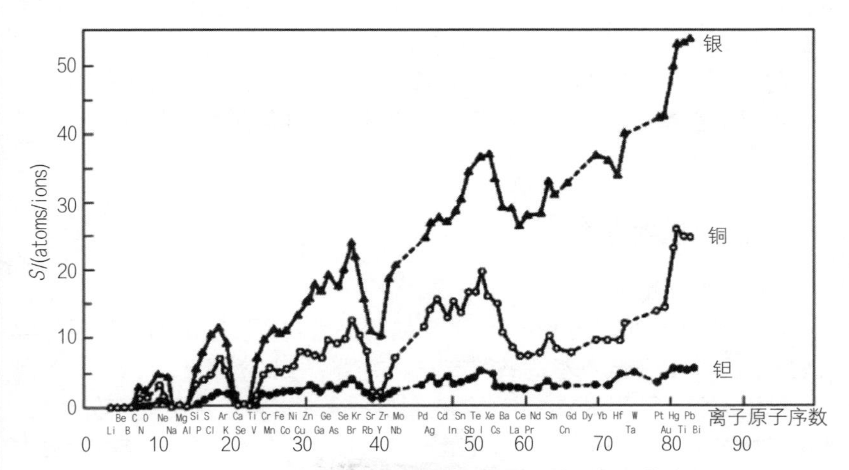

图 7–18　溅射率与轰击离子的原子序数的关系曲线

能量为 45eV

（3）沉积成膜过程

沉积成膜过程是指到达衬底的靶原子在衬底表面先成核再成膜的过程，如图 7–19 所示。

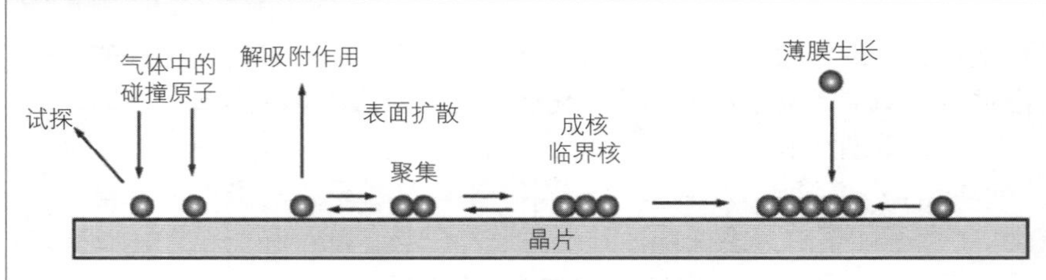

图 7-19　沉积成膜的过程

和蒸镀的成膜过程一样，当靶原子碰撞衬底表面时，或是一直附着在衬底上，或是吸附后再蒸发而离开。与蒸镀相比，溅射的一个突出特点是入射离子与靶原子之间有较大的能量传递，逸出的靶原子从撞击过程中获得了较大动能，其数值一般可达到 10 ~ 50eV。相比之下，在蒸发过程中源原子所获得的动能一般只有 0.1 ~ 1eV。由于能量增加可以提高沉积原子在衬底表面上的迁移能力，改善薄膜的台阶覆盖能力和附着力，因此，溅射薄膜的台阶覆盖特性和附着性都好于蒸镀薄膜。

另外，溅射工艺的衬底温度通常为室温，但随着溅射沉积的进行，受二次电子的轰击，衬底的温度将有所升高。通常溅射制备的是多晶态或无定形态薄膜。

7.4.2　溅射方式

（1）直流溅射

直流溅射（DC Sputtering）又称阴极溅射或二极溅射，它是最早出现并用于金属薄膜制备的溅射方法，如图 7-20 所示。

直流溅射是利用金属、半导体靶制备金属或半导体薄膜的有效方法。典型的溅射条件为：采用 Ar 为工作气体，工作气压为 10Pa，溅射电压为 3kV，靶电流密度为 0.5mA/cm^2，薄膜沉积速率一般低于 0.1μm/min。

另外，工作气体的气压对薄膜沉积速率以及薄膜质量也有很大的影响。薄膜沉积速率与工作气体气压的关系如图 7-21 所示。

由图 7-21 可知，工作气体的气压较低时，因原子的平均自由程较长，到达衬底表面的靶原子没有被多次碰撞而消耗过多能量，在衬底表面的扩散迁移能力也较强，这提高了所沉积薄膜的致密度。相反，工作气体

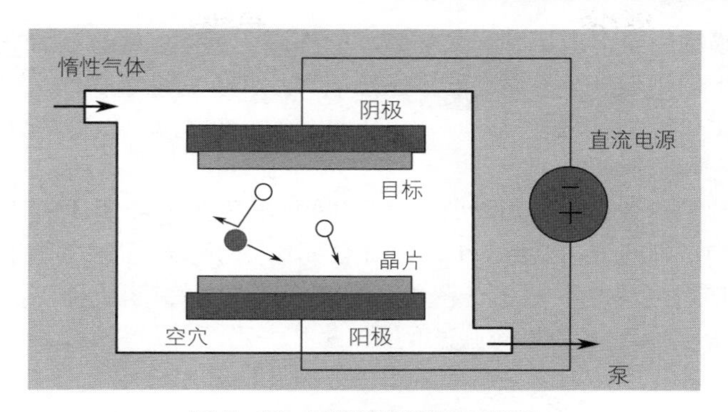

图 7-20 直流溅射装置示意图

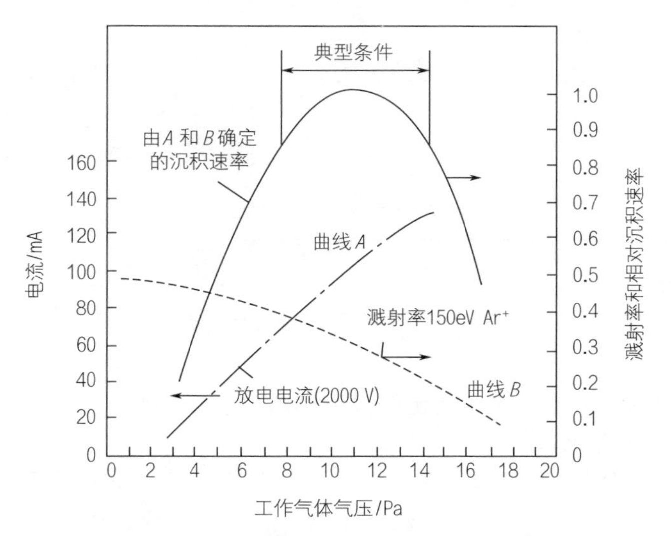

图 7-21 薄膜沉积速率与工作气体气压的关系

的压力较高时，原子气相碰撞散射增加，使得到达衬底的原子能量显著降低，不利于所沉积薄膜的致密化。

直流溅射设备简单，但存在各工艺参量不能独立控制的问题，包括阴极电压、电流，以及工作气体的气压。另外，直流溅射工作气体的气压也较高（在 10Pa 左右），溅射速率较低，这不利于减小气体中的杂质对薄膜的污染，也不利于溅射效率的提高，因此，随着各种先进工艺方法的出现和成熟，直流溅射已逐渐被其他溅射方法所替代，当前已很少采用。

（2）射频溅射

射频溅射（RF Sputtering）是指激发气体等离子化的电场是交变电场的溅射方法。1966 年，IBM 公司首先研发出了射频溅射技术，它可以溅射绝缘介质。这一溅射方法的出现，解决了用直流溅射工艺无法制备不导电化合物薄膜的问题。图 7-22 所示是射频溅射装置示意图。

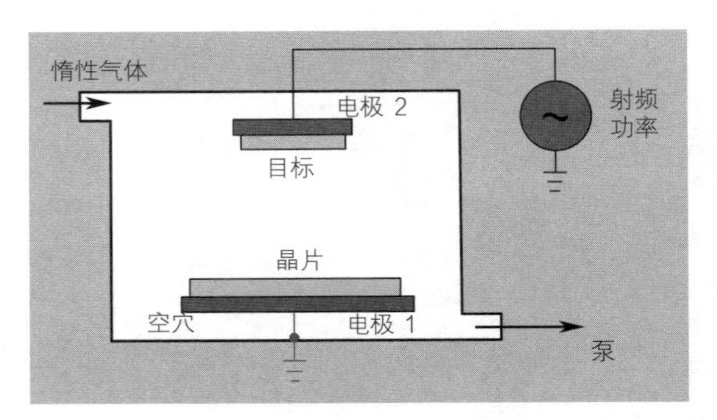

图 7-22　射频溅射装置示意图

射频是无线电波发射范围的频率，为了避免干扰电台工作，溅射专用频率规定为 13.56MHz。

在射频电源交变电场作用下，气体中的电子随之发生振荡，致使气体等离子化。而安装靶的和放置衬底的两个电极上连接的是射频电源，对于绝缘介质靶，当靶在射频电压的正半周时，电子流向靶面，中和其表面积累的正电荷，并且积累电子，使其表面呈现负偏压，导致在射频电压的负半周时吸引正离子轰击靶材，从而实现溅射。

典型的工艺条件：采用 Ar 作为工作气体，工作气体的气压约为 1Pa，射频功率为 300 ~ 500W，频率为 13.56MHz，薄膜沉积速率在 0.01 ~ 0.1μm/min 之间。

射频溅射薄膜沉积速率仍较低，设备较直流溅射复杂，且大功率的射频电源不仅价格较高，而且存在辐射污染等问题。目前，在集成电路制造技术中实际使用射频溅射方法的并不多，只有当薄膜是绝缘介质时才采用。

（3）磁控溅射

磁控溅射（Magnetron Sputtering）是在 20 世纪 70 年代发展起来的溅射技术。1974 年 Chapin 发明了适用于工业应用的平面磁控溅射靶，这一发明推动了磁控溅射进入生产领域。目前，磁控溅射已成为集成电路制造技术中实际应用最多的 PVD 薄膜制备方法。

磁控溅射是在阴极靶面上建立与电场正交的环形磁场，以控制离子轰击靶面所产生的二次电子的运动轨迹。二次电子被局限于靶面附近，呈现螺旋状环形运动轨迹。

磁控溅射靶延长了二次电子的运动路径，增加了电子与气体原子（或分子）的碰撞次数，极大地提高了等离子体中的离子浓度。具有如下优点：

① 提高了溅射效率，使薄膜的沉积速率也有大幅度提高，薄膜沉积速率与直流溅射相比提高了一个数量级。

② 可以降低系统内工作气体的气压，如当工作气体的气压在 5 ～ 10Pa 时都能形成等离子体，这使所沉积薄膜的纯度有所提高。

③ 被磁场束缚的二次电子在与气体粒子多次碰撞之后能量迅速降低，被复合消耗掉，这就显著地减少了高能二次电子对安装在阳极上的衬底的轰击，降低了由此带来的衬底损伤和温升。

（4）其他溅射方法

溅射工艺有多种方法，除了前述的直流、射频、磁控溅射以外，反应溅射、偏压溅射、离子束溅射等方法在集成电路制造技术中应用得也越来越多，工艺技术也在不断完善。而不同的溅射方法相结合又不断构建出新式方法，如射频技术和反应溅射相结合出现了射频反应溅射方法。各种溅射方法的用途与所制备的薄膜的特性也有所不同。

7.4.3　溅射薄膜的质量及改善

溅射工艺和蒸镀工艺一样，也多在制备微电子器件内电极或集成电路互连系统的金属、合金及硅化物薄膜时使用。因此，要求溅射工艺制备的薄膜保形覆盖特性、附着性、致密性好。

（1）溅射与蒸镀薄膜质量的比较

① 溅射薄膜的保形覆盖特性好于蒸镀薄膜。溅射逸出的靶原子到达衬底后一旦被吸附将沿着表面扩散，聚集成核，如果在表面的扩散迁移率高，就能形成平滑的保形性好的连续薄膜。从靶面逸出的溅射原子比从源蒸发原子的动能高 1 ~ 2 个数量级，因此，即使是在常温衬底上溅射的薄膜也有较好的台阶覆盖特性。

② 溅射薄膜附着性好于蒸镀薄膜。由于溅射原子能量远高于蒸发原子能量，沉积成膜过程中，通过能量转换产生的热能较高，从而增强了溅射原子与衬底的附着力。

③ 溅射薄膜较蒸镀薄膜密度大，针孔少。这也是因为溅射原子能量较高，使得其在衬底扩散迁移能力强，经充分扩散，所沉积的薄膜也就致密了。

④ 溅射薄膜的沉积速率较蒸镀慢，膜厚可控性和重复性较好。由于溅射时的放电电流和靶电流可分别控制，通过控制靶电流则可控制沉积速率，因此，溅射薄膜的膜厚可控性和多次溅射的膜厚的再现性好。

⑤ 当前常用的磁控溅射也是在高真空度下进行的，因此薄膜纯度较高。溅射过程中对衬底辐射造成的缺陷远少于电子束蒸镀，而且不存在蒸镀时无法避免的污染现象。

⑥ 溅射工艺需要有与薄膜成分相适应的高纯度靶材，因此这也限制了溅射工艺在制备一些较特殊材质薄膜时的应用，而电子束蒸镀工艺在这方面有优势。

综上所述，溅射薄膜技术优越，已成为制备大多数沉积薄膜的最佳选择，特别是在超大规模集成电路工艺中，溅射已取代真空蒸镀成为制备金属、合金及金属硅化物等薄膜的标准工艺。

（2）保形覆盖特性的改善

尽管相对于真空蒸镀而言，溅射薄膜的保形覆盖特性有所提高，但在制备超大规模集成电路的高密度互连系统中的金属、合金及化合物薄膜时，其台阶覆盖特性依旧是主要问题。

溅射薄膜在光刻窗口处的沉积情况是最能显示其保形覆盖特性的。磁控溅射衬底吸附原子有较高的扩散迁移率，但在台阶的上缘由于到达角大（270°），沉积膜较厚，趋向于形成突起；而接触孔底角由于到达角小（90°），且又存在遮蔽效应，沉积膜较薄，趋向于形成凹陷。

目前，改善溅射薄膜的保形覆盖特性的方法主要有：充分升高衬底温度，在衬底上加载射频偏压，采用强迫填充技术，采用准直溅射技术。

① 为改善溅射薄膜的保形覆盖特性，可以采取加热衬底、升高衬底温度的方法，以增强衬底所吸附溅射原子的表面扩散迁移率。但同时也要考虑衬底温度升高，金属多晶态薄膜的晶粒尺寸也随之长大，使薄膜表面变得粗糙。而且衬底温度升高也会带来薄膜与衬底、薄膜与薄膜之间的互扩散增强现象。

② 为改善溅射薄膜的保形覆盖特性，可以在衬底圆片上加载射频偏压，如果偏压足够大，圆片将被高能离子轰击，这将有助于溅射材料的再沉积，可以在一定程度上改善薄膜的台阶覆盖特性。

③ 强迫填充技术（如图 7-23 所示），是指在有高纵横比的微小光刻接触孔的圆片上溅射薄膜时，有意使金属薄膜在接触孔顶拐角处产生明显的尖端，直至两个尖端相接触，则沉积发生在接触孔覆盖膜的顶面，工作气体（通常是 Ar）被密封于接触孔的孔洞内。

强迫填充仅对一定范围的接触孔尺寸有效，它不能改善在孤立台阶上的金属薄膜的保形覆盖特性。

图 7-23　强迫填充技术

④ 准直溅射技术（如图 7-24 所示），是在高真空溅射时，在衬底正上方插入一块有高纵横比孔的平板，称为准直器。只有速度方向接近于垂直衬底表面的溅射原子才能通过准直器上的孔到达衬底表面，而且这些原子更可能沉积在接触孔的底部，这样就不会因接触孔顶两拐角的

接近（甚至接触）造成到达孔底部的溅射原子过少，从而出现孔底角处薄膜太薄的现象。

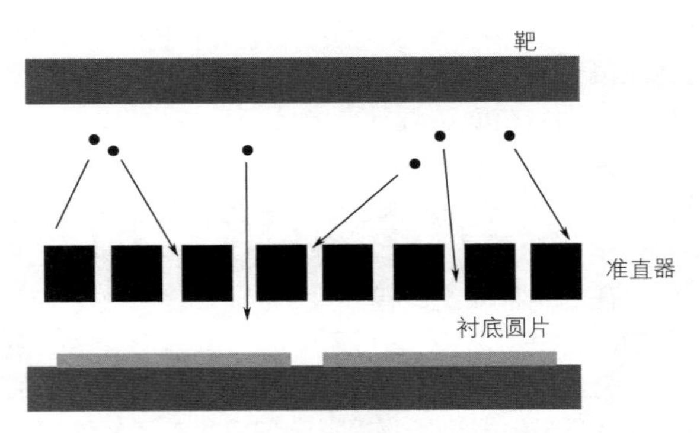

图 7-24　准直溅射技术示意图

实际上，影响薄膜质量特性的因素主要是溅射方法、加载电（磁）场的特性、沉积时的衬底温度、工作气体气压，以及靶材和气体的纯度等。综合考虑溅射薄膜的用途和影响薄膜质量的各种因素，对这些因素进行合理控制才能溅射获得满足实际需求的薄膜。

7.5　金属与铜互连引线

在硅片上制造芯片可以分为两部分：第一，利用各种工艺（如氧化、CVD、掺杂、光刻等）在硅片表面制造出各种有源器件和无源元件。第二，利用金属互连线将这些元器件连接起来形成完整电路系统。金属化（Metallization）就是在制备好的元器件表面沉积金属薄膜，并进行微细加工，利用光刻或刻蚀工艺刻出金属互连线，然后把硅片上的各个元器件连接起来以形成一个完整的电路系统，并提供与外电路连接点的工艺过程。

随着微电子器件特征尺寸越来越小，硅片面积和集成度越来越大，对互连和接触技术的要求越来越高，金属互连线与半导体区之间的接触如图 7-25 所示。

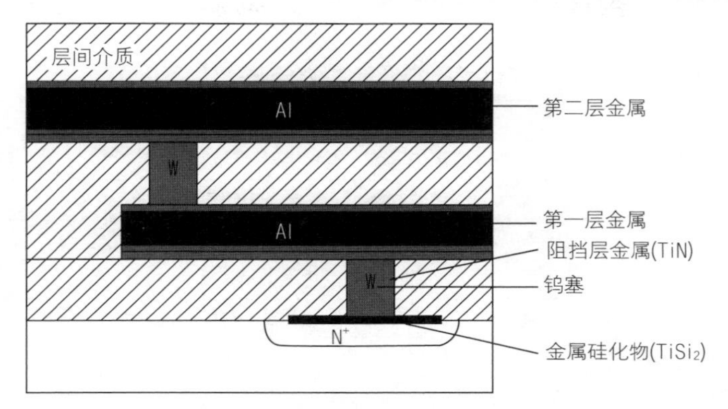

图 7-25　金属互连线与半导体区之间的接触

除了要求有良好的欧姆接触外，对互连布线也有以下要求：①布线材料有低的电阻率和良好的稳定性；②布线应具有强的抗电子迁移能力；③布线材料可被精细刻蚀，并具有抗环境侵蚀的能力；④布线材料易于沉积成膜，黏附性要好，台阶覆盖要好，并有良好的可焊性。

随着集成电路技术的发展，ULSI 的集成度不断提高，互连布线所占芯片面积已成为限制其发展的重要因素之一。而随着集成电路性能的不断提高，电路工作频率已进入 GHz 时代，互连线导致的延迟也已可与器件门延迟相比较。因此，单层金属互连系统已经无法满足 ULSI 的需要。而多层互连，如 Ti-Au、Cr-Ni-Ag、Al-Pt-Au 等，一方面可以使单位芯片面积上可用的互连布线面积成倍增加，允许有更多的互连线；另一方面使用多层互连系统能降低因互连线过长导致的延迟时间过长。因此，多层互连技术成为集成电路发展的必然。

除了要求低电阻率之外，还应抗电子迁移能力强，理化稳定性能、力学性能和电学性能在经过后续工艺及长时间工作之后保持不变，薄膜沉积和图形转移等加工工艺简单且经济，制备的互连线台阶覆盖特性好、缺陷浓度低、薄膜应力小。

实际上没有完全满足上述要求的金属或金属性材料，早期的 ULSI 是采用铝及铝合金作为导电材料。近年来随着工艺技术的发展，铜已成为金属导电材料的首选，在集成度更高的 ULSI 中有取代铝及铝合金的趋势。

互连金属材料的要求如表 7-3 所示。

表 7-3　互连金属材料的要求

序号	属性要求
1	要求高电导率，能够传导高电流密度
2	能够黏附下层衬底，容易与外电路实现电连接
3	易于沉积，经相对低温处理后具有均匀的结构和组分
4	提供高分辨率的光刻图形
5	经受温度循环变化，相对柔软且有好的延展性
6	很好的抗腐蚀性，层与层以及下层器件区有最小的化学反应
7	很好的抗机械应力特性，以便减少硅片的扭曲和材料的失效

铜的优点包括：电阻率低，只有铝的 40% ~ 45%；抗电子迁移性，好于铝膜约两个数量级。缺点有：铜在硅中是快扩散杂质，能使硅“中毒”，铜进入硅内，改变器件性能；与硅、二氧化硅黏附性差。在工艺方面，在硅 - 铜之间增加黏附性强，且可阻止 Cu 向 Si 中扩散的隔离膜。铜膜制备是先溅射铜种子层，再用化学镀、电镀制备铜膜。

多层互连技术的使用，可以在更小的芯片面积上实现相同功能，这样在单个硅片上可制作出更多 ULSI 芯片，从而可以降低单个芯片的成本。当然互连线每增加一层，需要增加薄膜沉积、光刻等工艺步骤，相应地要增加掩模版数量，还有可能导致总成品率的下降，因此，互连线层数也不是越多越好。

多层互连效果如图 7-26 所示。

在互连工艺中，首先沉积介质层，通常是 CVD-PSG；接下来平坦化，即 PSG 的热处理回流，以消除衬底表面因前面光刻等工艺造成的台阶；然后通过光刻形成接触孔和通孔；再进行金属化，如 PVD-Al 填充接触孔和通孔，形成互连线；如果不是最后一层金属，继续进行下一层金属化的工艺流程，如果是最后一层金属，则沉积钝化层，通常是 PECVD-Si_3N_4，互连工艺完成。

超大规模集成电路的制备经过多次光刻、氧化等工艺，使得硅片表面不平整，台阶高，这样在进行电连接时，台阶处的金属薄膜连线易断裂，且光刻难。需要通过平面化技术来解决这一问题。平面化技术目前主要有：双层光刻胶技术；PSG、BPSG 回流；化学机械抛光（CMP）。

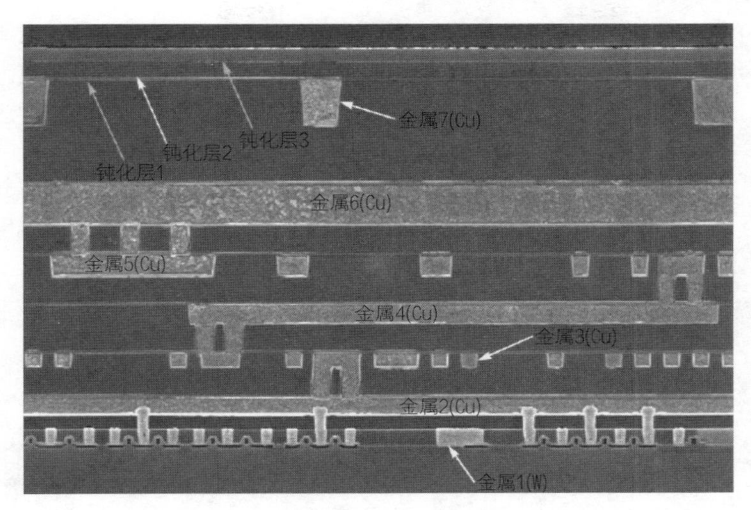

图 7-26　多层互连效果

导电层间的绝缘介质的平坦化目前主要采用化学机械抛光（CMP）技术。这是一种通过使用软膏状的化学研磨剂在机械研磨的同时伴有化学反应的抛光平坦化方法，如图 7-27 所示为 CMP 方法示意图。

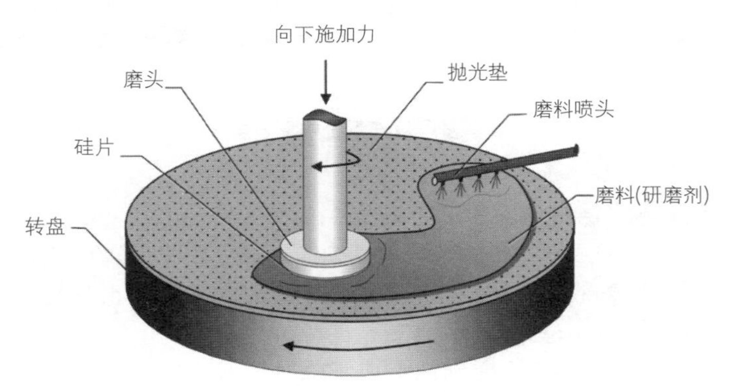

图 7-27　CMP 方法示意图

CMP 技术的关键是研磨剂组成成分，硅片表面平坦化物质不同采用的研磨剂成分就不同。研磨剂主要由氧化剂和摩擦剂组成，磨料中包含的摩擦剂颗粒的硬度与所磨蚀材料基本相同；磨料化学成分及其酸碱度，摩擦剂颗粒尺寸、形状、浓度等亦都是重要参数。CMP 主要应用于多层互连工艺。

铜多层互连系统是在集成电路技术进入 0.18μm 时出现并发展起来的互连技术，目前已成为 ULSI 最主要的互连系统。以铜为互连导电层的镶嵌工艺，又称为双大马士革（Dual Damascene）工艺。如图 7-28 所示为镶嵌式铜多层互连系统的其中某一层的工艺流程。

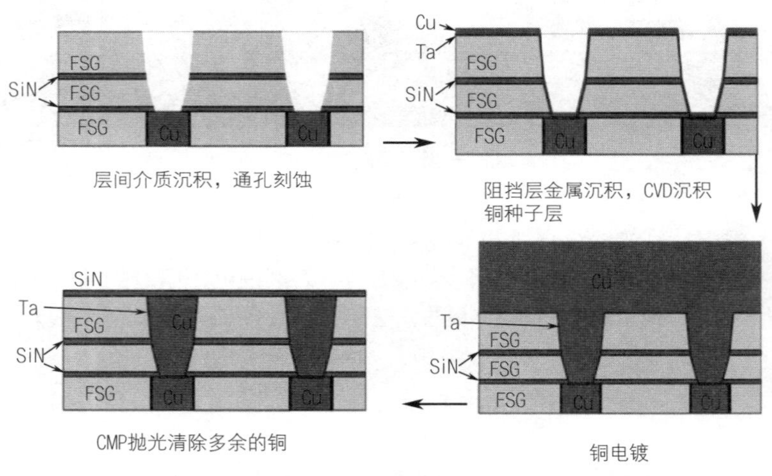

图 7-28　镶嵌式铜多层互连系统中某一层工艺主要流程图

镶嵌式铜多层互连工艺主要流程为：

① 在前层的互连层平面上沉积刻蚀停止层，如 PECVD-Si_3N_4；

② 沉积厚的绝缘介质层，如 APCVD-SiO_2 或低 K 介质材料；

③ 光刻引线孔；

④ 以光刻胶作为掩模刻蚀引线沟槽并去胶，如干法刻蚀 SiO_2 再去胶；

⑤ 光刻通孔；

⑥ 以光刻胶作为掩模刻蚀通孔并去胶，如干法刻蚀 SiO_2 再去胶；

⑦ 去刻蚀停止层，采用高选择比的刻蚀方法，通孔刻蚀过程将在停止层自动停止；

⑧ 在有效清洁介质通孔、沟槽和表面的刻蚀残留物后，溅射沉积金属势垒层（或阻挡层）和铜的籽晶层；

⑨ 利用铜的电镀等工艺方法沉积填充通孔和沟槽直到填满为止；

⑩ 利用 CMP 技术去除沟槽和通孔之外的铜，之后，开始下一互连层的制备。

典型的铜互连系统如图 7–29 所示，其为 IBM 公司的 6 层 Cu 互连系统表面结构图。

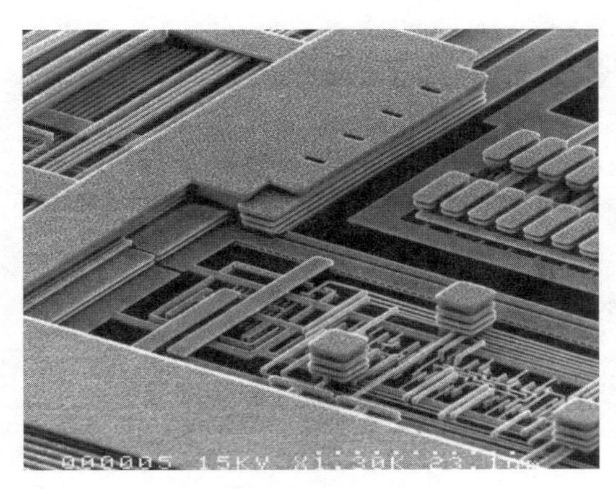

图 7–29　铜互连系统

光刻

8.1 概述
8.2 基本光刻工艺流程
8.3 光刻掩模版
8.4 光刻胶
8.5 光学分辨率增强技术
8.6 紫外光曝光技术

光刻工艺是集成电路制造中最关键的工艺之一。光刻是一种复印图像和化学腐蚀相结合的综合性技术。在整个产品制造中是重要的经济影响因子，光刻成本占据了整个制造成本的 35%。光刻也是决定集成电路按照摩尔定律发展的一个重要原因，如果没有光刻技术的进步，集成电路就不可能从微米时代进入深亚微米时代再进入纳米时代。

一般来说，在 ULSI 中对光刻技术的基本要求包括 5 个方面：①高分辨率。随着集成电路集成度的不断提高，加工的线条越来越精细，要求光刻的图形具有高分辨率。②高灵敏度的光刻胶。光刻胶的灵敏度通常是指光刻胶的感光速度。③低缺陷。在集成电路芯片的加工过程中，如果在器件上产生一个缺陷，即使缺陷的尺寸小于图形的线宽，也可能会使整个芯片失效。④精密的套刻对准。集成电路芯片的制造需要经过多次光刻，在各次曝光图形之间要相互套准。⑤对大尺寸硅片的加工。为了提高经济效益和硅片利用率，一般采用大尺寸的硅片，也就是在一个硅片上一次同时制作很多完全相同的芯片。

光刻（Photolithography）就是将掩模版（光刻版）上的几何图形转移到覆盖在半导体衬底表面的对光辐照敏感的薄膜材料（光刻胶）上去的工艺过程。

8.1　概述

光刻的本质是把临时电路结构复制到以后要进行刻蚀和掺杂的晶圆上。这些结构以图形形式制作在被称为光刻掩模版的石英模版上。光刻工艺首先将事先做好的光刻掩模版上的图形精确地、重复地转移到涂有光刻胶的待腐蚀层上，然后利用光刻胶的选择性保护作用，对需腐蚀图层进行选择性化学腐蚀，从而在表面形成与光刻版相同（或相反）的图层。

随着集成电路向更高集成度和更小尺寸的方向发展，集成电路的图形越来越复杂，要求光刻的分辨率和精度越来越高，同时，光刻质量也直接影响到集成电路的成品率和电路的性能，特别是在超大规模集成电路中更是如此。光刻工艺基本原理如图 8-1 所示。

光刻是微电子工艺中最重要的单项工艺之一。用光刻图形来确定分立器件和集成电路中的各个区域，如注入区、接触窗口和压焊区等。由

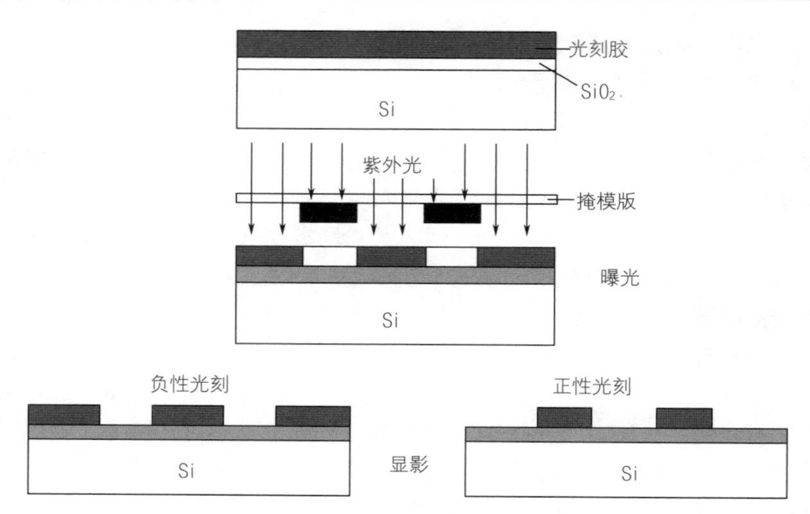

图 8-1　光刻工艺基本原理图

光刻工艺确定的光刻胶图形并不是最后器件的构成部分，仅是图形的印模，为了制备出实际器件的结构图形，还必须再一次把光刻胶图形转移到光刻胶下面组成器件的材料层上。也就是使用能够对非掩蔽部分进行选择性去除的刻蚀工艺来实现图形的转移。

在衬底硅片的加工过程中，三极管、二极管、电容、电阻和金属层的各种物理部件依次在硅片表面或表层内构成。这些部件是每次在一个掩模层上生成的，并且结合生成薄膜及去除特定部分，通过光刻工艺过程，最终在衬底上保留特征图形的部分。

光刻工艺的目标是根据电路设计的要求，生成尺寸精确的特征图形，并且在衬底表面的位置正确且与其他部件的关联正确。完整的光刻包括两次图形的转移：第一次通过图像复印技术，把掩模版的图像复印到光刻胶上；第二次利用刻蚀技术把光刻胶的图像传递到薄膜层上，最终得到与掩模版相对应的几何图形，如图 8-2 所示。

光刻系统的主要指标包括分辨率 R（Resolution）、焦深（Depth of Focus，DOF）、对比度（CON）、特征线宽（Critical Dimension，CD）控制、对准和套刻精度（Alignment and Overlay）、产率（Throughout）及价格。

光刻三要素：光刻胶、掩模版和光刻机。

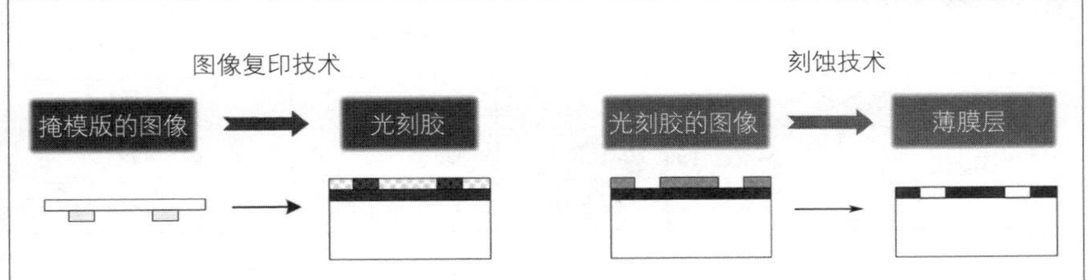

图 8-2　图形转移的过程

光刻胶又叫光致抗蚀剂，它是由光敏化合物、基体树脂和有机溶剂等混合而成的胶状液体；光刻胶受到特定波长光线的作用后，导致其化学结构发生变化，使光刻胶在某种特定溶液中的溶解特性改变。

分辨率是指一个光学系统精确区分目标的能力。微图形加工的最小分辨率是指光刻系统所能分辨和加工的最小线条尺寸或机器能充分打印出的区域。分辨率是决定光刻系统最重要的指标，能分辨的线宽越小，分辨率越高。分辨率的公式如下：

$$R=\frac{k\lambda}{NA} \tag{8-1}$$

式中，k 为参数，一般取值 0.6 ~ 0.8，提高光刻分辨率的途径是：减小波长 λ 、增加数值孔径（NA）、优化系统设计（分辨率增强技术）等。

采用浸入式技术也可以有效地提高 NA。将液体置于主镜头和硅片之间，入射光线自然而然地就会穿透比空气折射率更高的液体，这种方式本身并没有提高特定投影图像的分辨率，但是它却能够赋予光刻机的镜头更高的数值孔径。

焦深的示意图如图 8-3 所示。焦深的公式如下：

$$DOF=\frac{\lambda}{2(NA)^2} \tag{8-2}$$

表 8-1 为典型光刻机参数对应的分辨率和焦深。

表 8-1　典型光刻机参数对应的分辨率和焦深

项目	λ	NA	R	DOF
线宽（i-Line）	365nm	0.45	486nm	901nm
	365nm	0.60	365nm	507nm

续表

项目	λ	*NA*	*R*	*DOF*
深紫外线（DUV）	193nm	0.45	257nm	476nm
	193nm	0.60	193nm	268nm

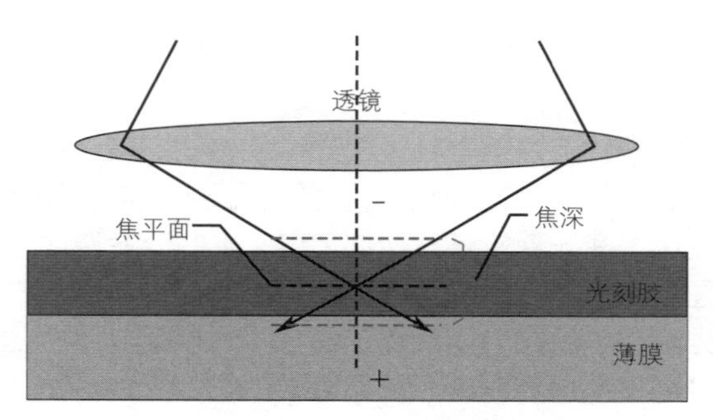

图 8-3　焦深示意图

由式（8-1）和式（8-2）可知，改变数值孔径的方法能够改善分辨率，但是也会影响焦深，两者之间存在一定的矛盾，如图 8-4 为 *NA* 对分辨率和焦深的影响。

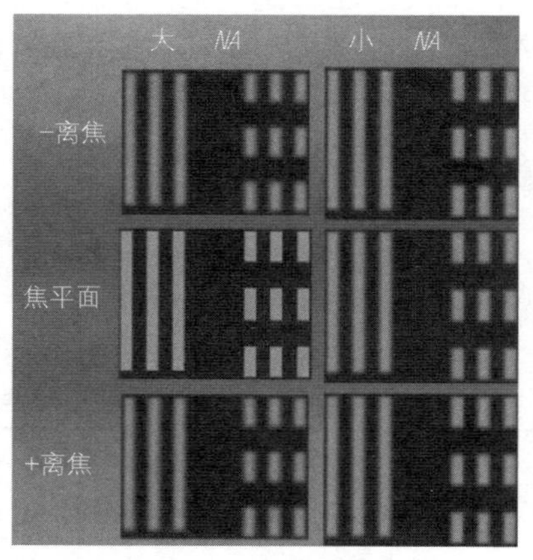

图 8-4　*NA* 对分辨率和焦深的影响

8.2　基本光刻工艺流程

一般的光刻工艺要经历气相成底膜、旋转涂胶、前烘（软烘）、对准和曝光、曝光后烘焙、显影、坚膜烘焙、显影检验等流程，如图 8-5 所示。

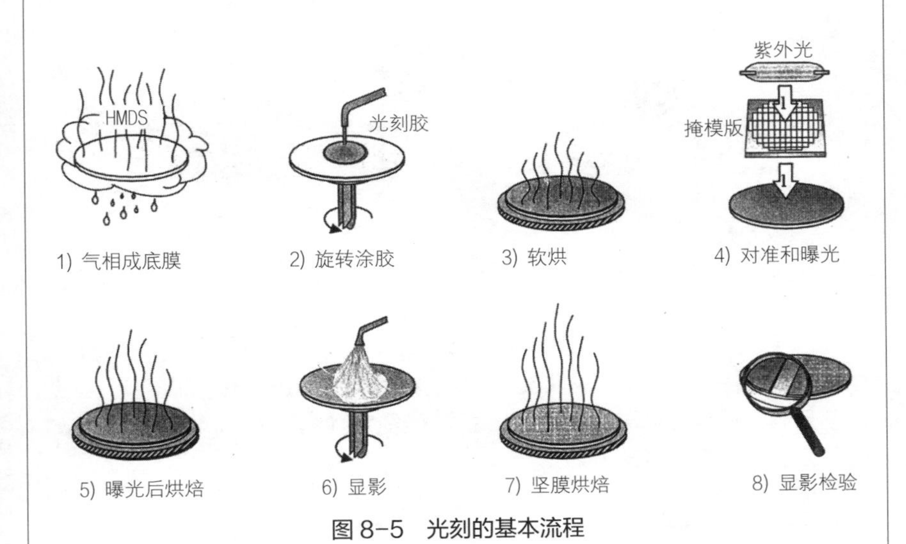

图 8-5　光刻的基本流程

特征图形尺寸、对准容忍度、衬底表面情况和光刻层数，都会影响到特定光刻工艺的难易程度和每一步骤的工艺。

8.2.1　底膜处理

硅片制造过程中许多问题都是由表面污染和缺陷造成的，因此硅片表面的处理对于集成电路制造成品率非常重要。

光刻前的晶圆首先要进行清洗，然后在晶圆表面形成一层底膜，以增强晶圆和光刻胶之间的黏附性。

在成底膜之前晶圆表面必须是清洁和干燥的，因此清洗的晶圆要进行脱水烘焙。脱水烘焙后晶圆要立即用六甲基二硅胺烷（HMDS）进行成膜处理，六甲基二硅胺烷膜可以起黏附促进剂的作用。

六甲基二硅胺烷膜可以用浸润液分滴并通过旋转、喷雾或气相的方法来形成。在固、液、气三相交界处，自固－液界面经过液体内部到气－液界面之间的夹角称为接触角，通常以 θ 表示，它直接反映液体对固体表面的润湿情况，接触角愈小，润湿得愈好，如图 8-6 所示。

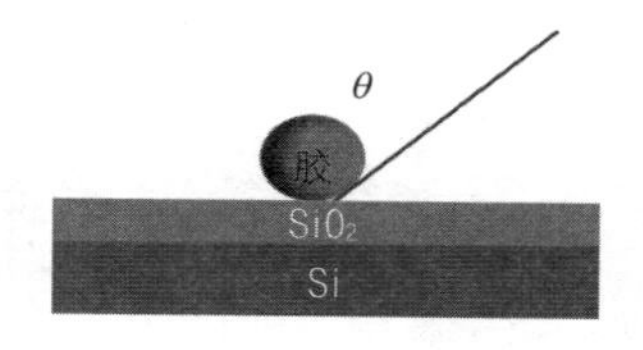

(a) 不浸润：$\theta > 90°$

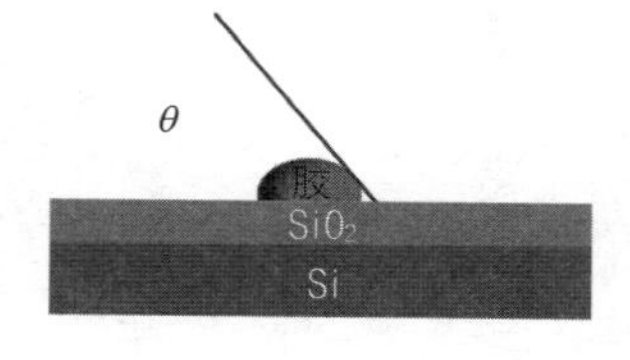

(b) 浸润：$\theta < 90°$

图 8-6　液体在固体表面上的接触角

为了使衬底与光刻胶之间黏附良好，需在烘干后的衬底表面涂上一层增黏剂，使衬底片和光刻胶之间的黏着力增强，这一步骤称之为涂底。目前应用比较多的增黏剂是六甲基乙硅氮烷（HDMS）和三甲基甲硅烷基二乙胺（TMSDEA）。

8.2.2　涂胶

晶圆被固定在一个真空吸附载片台上，它是一个表面上有很多真空孔以便固定晶圆的平的金属或聚四氯乙烯盘。一定量的液相光刻胶被滴在晶圆上，然后晶圆高速旋转就可以得到一层均匀的光刻胶涂层。旋转涂胶的主要目的是在晶圆表面上得到均匀的光刻胶胶膜的覆盖层，胶膜的厚度一般在 1μm 的数量级，整个晶圆上的胶膜厚度的变化应小于 2 ~ 5nm。旋转涂胶主要可以分成四个步骤：分滴、旋转铺开、旋转甩掉、溶剂挥发，如图 8-7。

不同的光刻胶有不同的旋转涂胶条件。一些光刻胶涂胶应用的重要指标包括时间、速度、厚度、黏度、均匀性、颗粒沾污以及光刻胶缺陷等。

液态的光刻胶在离心力的作用下，由轴心沿径向飞溅出去，而黏附在硅片表面的光刻胶受黏附力的作用被留下来。经过甩胶之后，最初喷

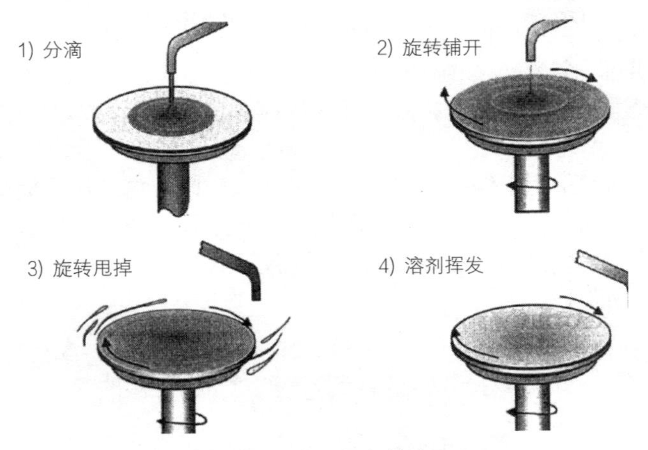

图 8-7　涂胶的工艺流程

洒的光刻胶中，留在硅片表面上的不到 1%，其余的都被甩掉。最终光刻胶的膜厚除了与光刻胶本身的黏性有关之外，还与旋转速度有关。通常甩胶后光刻胶的膜厚可以视为与旋转速度的平方根成反比。在旋转过程中，光刻胶中所含的溶剂不断挥发，从而使光刻胶变得干燥，同时也使光刻胶的黏度增加。因此，转速提升得越快，光刻胶薄膜的均匀性就越好。

8.2.3　前烘

涂胶完成后，仍有一定量的溶剂残存在胶膜内，若直接曝光，会影响图形的尺寸及完好率。因此，涂胶后，需经过一个高温加热的步骤，即前烘，也叫软烘，它对后续的一些工艺参数有很大的影响。

前烘就是在一定的温度下，使光刻胶膜里面的溶剂缓慢地、充分地逸出来，使光刻胶膜干燥，其目的是增加光刻胶与衬底间的黏附性，增强胶膜的光吸收和抗腐蚀能力，以及缓和涂胶过程中胶膜内产生的应力等。液态的光刻胶中，溶剂的成分占 65% ~ 85%。经过涂胶之后，虽然液态的光刻胶已经成为固态的薄膜，但仍含有 10% ~ 30% 的溶剂，容易沾染上灰尘。在前烘过程中，由于溶剂的挥发，光刻胶的厚度也会减薄，一般减小的幅度为 10% ~ 20%。

前烘的温度和时间需要严格地控制，一般须在 80 ～ 110℃的红外灯下或烘箱内烘烤 5 ～ 10min。如果前烘的温度太低，除了光刻胶层与硅片表面的黏附性变差之外，曝光的精确度也会因为光刻胶中溶剂的含量过高而变差。

前烘通常采用干燥循环热风、红外线辐射以及真空热平板烘烤等热处理方式。在 ULSI 工艺中，常用的前烘方法是真空热平板烘烤。真空热平板烘烤可以方便地控制温度，同时还可以保证均匀加热。BP-2B 型烘胶台如图 8-8 所示。

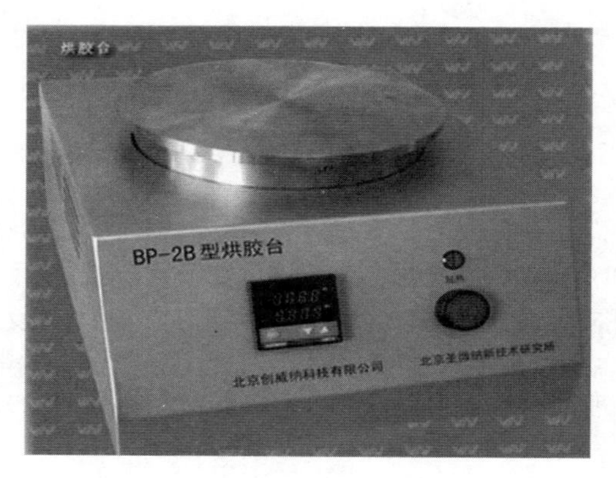

图 8-8　BP-2B 型烘胶台

8.2.4　曝光

曝光是使光刻掩模版与涂上光刻胶的衬底对准，用光源经过光刻掩模版照射衬底，使接受到光照的光刻胶的光学特性发生变化。

曝光中要特别注意曝光光源的选择和对准。

（1）曝光光源的选择

紫外（UV）光用于光刻胶的曝光，是因为光刻胶材料与这个特定波长的光反应。波长也很重要，因为较短的波长可以获得光刻胶上较小尺寸的分辨率。现今最常用于光学光刻的两种紫外光源是汞灯和准分子激光。

（2）对准

对准是指光刻掩模版与光刻机之间的对准，二者均刻有对准标记，使标记对准即可达到光刻掩模版与光刻机的对准。

为了成功地在硅片上形成图案，必须把硅片上的图形正确地与投影掩模版上的图形对准。只有每个投影的图形都能正确地和硅片上的图形匹配，集成电路才有相应的功能。对准就是确定硅片上图形的位置、方向和变形的过程，然后利用这些数据与投影掩模图形建立起正确关系。对准必须快速、重复、正确和精确。对准过程的结果，或者每个连续的图形与先前层匹配的精度，称为套准。

套准精度（也称为套准）是测量对准系统把版图套准到硅片上图形的能力，如图 8-9 所示。套准容差描述要形成的图形层和前层的最大相对位移。一般而言，套准容差大约是关键尺寸的三分之一。对于 0.15μm 的设计规则，套准容差预计为 50nm。

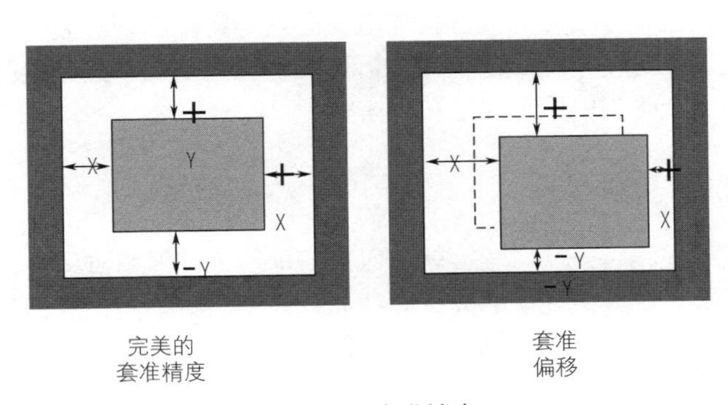

图 8-9　套准精度

（3）曝光

曝光过程的示意图如图 8-10 所示。在实际操作中，曝光时间是由光刻胶、胶膜厚度、光源强度及光源与片子间距离来决定的，一般以短时间强曝光为好。

曝光时间要严格控制，时间太长，显影后的胶面呈现出皱纹，使分辨率降低，图形尺寸变化，边缘不齐；时间太短，光刻胶交联不充分，显影时部分被溶解，胶面发黑呈枯皮状，抗蚀性大大降低。

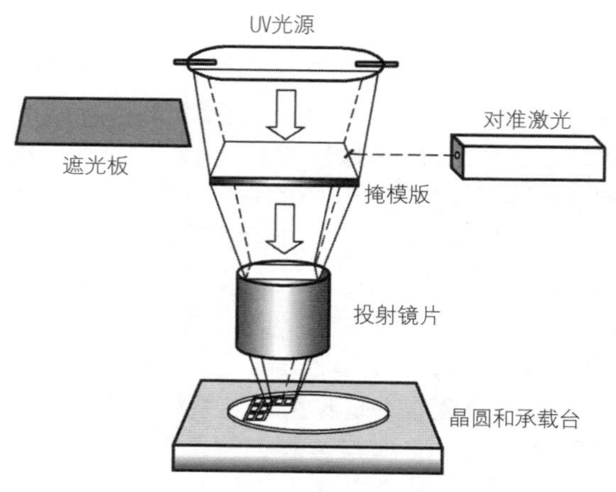

图 8-10 曝光工艺示意图

在曝光过程中，在曝光区与非曝光区边界将会出现驻波效应，由于驻波效应将在这两个区域的边界附近形成曝光强弱相间的过渡区，这将影响显影后所形成的图形尺寸和分辨率。

8.2.5 显影

经过曝光和曝光后烘焙，就可以进行显影。在显影过程中，正胶的曝光区和负胶的非曝光区的光刻胶在显影液中溶解，而正胶的非曝光区和负胶的曝光区的光刻胶则不会在显影液中溶解（或很少溶解）。显影的参数如图 8-11 所示。

目的：利用化学显影液把曝光过后可溶性光刻胶溶解掉，从而把掩模版的图形准确复刻到光刻胶中。

显影液
- 负胶：二甲苯溶剂　　有机溶剂使有机的光刻胶易产生溶胀现象
- 正胶：四甲基氢氧化铵（TMAH）　　水性显影液不会使光刻胶产生溶胀现象，仅需去离子水冲洗

显影方式
- 连续喷雾显影
- 旋覆浸没式显影

图 8-11 显影的一些参数

正胶经过曝光以后成为羧酸，可以被碱性的显影液中和，反应生成的胺和金属盐可以快速溶解于显影液中。非曝光区的光刻胶由于在曝光时并未发生光化学反应，在显影时也就不存在这样的酸碱中和，因此非曝光区的光刻胶被保留下来。经过曝光的正胶是逐层溶解的，中和反应只在光刻胶的表面进行，因此正胶受显影液的影响相对比较小。

对于负胶来说，非曝光区的负胶在显影液中首先形成凝胶体，然后再分解掉，这就使得整个的负胶层都被显影液浸透。在被显影液浸透之后，曝光区的负胶将会膨胀变形。因此，相对来说，使用正胶可以得到更高的分辨率。

正胶与负胶的对比情况如表 8-2 所示。

表 8-2　正负胶对比

项目	负胶	正胶
优点	具有较好的灵敏度	有更高的光刻分辨率
	对硅片有良好的黏附性和对刻蚀有良好的阻挡性	有较强的抗干法刻蚀能力
缺点	成本低，适合大批量生产	对硅片的黏附性较差
	显影易膨胀，分辨率较低，不能用于深亚微米以下的工艺	成本较高

显影后所留下的光刻胶图形将在后续的刻蚀或离子注入工艺中作为掩模，因此，显影也是一项重要工艺。严格地说，在显影时曝光区与非曝光区的光刻胶都有不同程度的溶解。曝光区与非曝光区的光刻胶的溶解速度反差越大，显影后得到的图形对比度越高。影响显影效果的主要因素包括：①曝光时间；②前烘的温度和时间；③光刻胶的膜厚；④显影液的浓度；⑤显影液的温度；⑥显影液的搅动情况。

进行显影的方式有许多种，目前广泛使用的是喷洒方法。这种显影方式可分为 3 个阶段：①硅片被置于旋转台上旋转，并且在硅片表面上喷洒显影液；②硅片在静止的状态下进行显影；③显影完成之后，需要经过漂洗，之后再甩干。显影之后对硅片进行漂洗和甩干，是因为在显影液没有完全清除之前，仍然在起作用。喷洒方法的优点在于它可以满足工艺流水线的要求。

显影中的三个主要问题：显影不足、不完全显影、过显影，如图8-12所示。

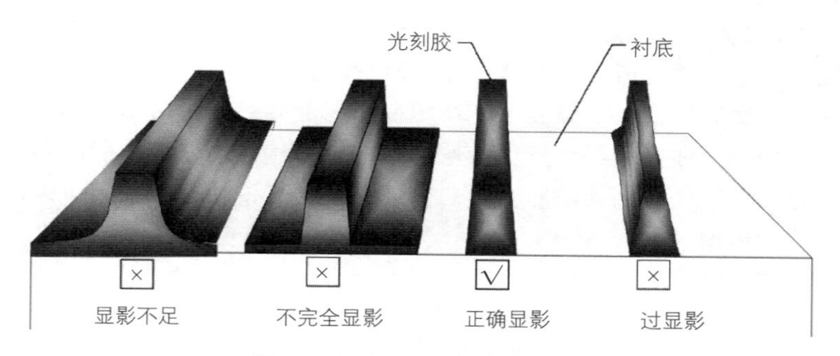

图8-12 显影过程的不同情况

8.2.6 坚膜

和前烘一样，坚膜也是一个热处理步骤。坚膜就是在一定的温度下，对显影后的衬底进行烘焙。其主要作用是除去光刻胶中剩余的溶剂，增强光刻胶对硅片表面的附着力，同时提高光刻胶在刻蚀和离子注入过程中的抗蚀性和保护能力。

通过坚膜，光刻胶的附着力会得到提高，这是由于除掉了光刻胶中的溶剂，同时也是热融效应作用的结果，因为热融效应可以使光刻胶与硅片之间的接触面积达到最大。在坚膜之后还需要对光刻胶进行光学稳定。通过光学稳定，使光刻胶在干法刻蚀过程中的抗蚀性得到增强，而且还可以减少在离子注入过程中从光刻胶中逸出的气体，防止在光刻胶层中形成气泡。

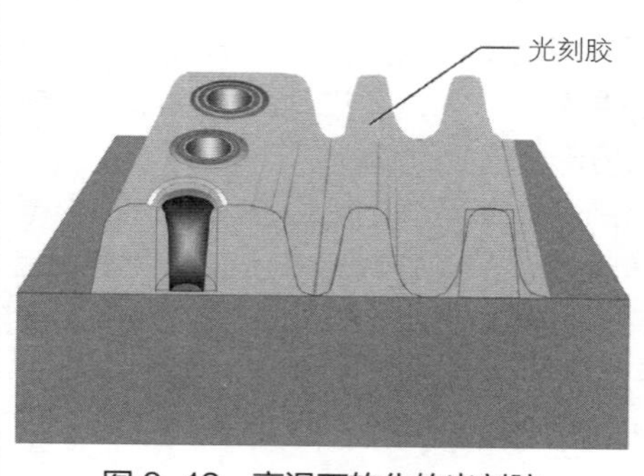

图8-13 高温下软化的光刻胶

高温下，光刻胶会发生软化，如图8-13所示。

8.2.7 显影检验

在显影和烘焙之后就要完成光刻掩模工艺的第一次质检，通常叫显影检验。检验的目的是区分那些有很低可能性通过最终掩模检验的衬底，提供工艺性能和工艺控制数据，以及分拣出需要重做的衬底。

一般要通过光学显微镜、扫描电子显微镜（SEM）或者激光系统来检查图形的尺寸是否满足要求。需要检测的内容包括：①掩模版选用是否正确；②光刻胶层的质量是否满足要求（光刻胶有没有污染、划痕、气泡和条纹等）；③图形的质量（有好的边界，图形尺寸和线宽满足要求）；④套准精度是否满足要求。如果不能满足要求，可以返工。因为经过显影之后只是在光刻胶上形成了图形，只需去掉光刻胶就可以重新进行上述各步工艺。

8.2.8 去胶

光刻胶除了在光刻过程中作为从光刻掩模版到衬底的图形转移媒介外，还可以作为刻蚀时不需刻蚀区域的保护膜。当刻蚀完成后，光刻胶已经不再有用，需要将其彻底去除，完成这一过程的工序就是去胶。此外，刻蚀过程中残留的各种试剂也要清除掉。

在集成电路工艺中，去胶的方法包括湿法去胶和干法去胶，在湿法去胶中又分为有机溶液去胶和无机溶液去胶。

使用有机溶液去胶，主要是使光刻胶溶于有机溶液中，从而达到去胶的目的。有机溶液去胶中使用的溶剂主要有丙酮和芳香族的有机溶剂。

8.2.9 最终检验

在基本的光刻工艺过程中，最终步骤是检验。衬底在入射白光或紫外光下首先接受表面目检，以检查污点和大的微粒污染。之后是显微镜目检或自动检验来检验缺陷和图案变形。

（1）显微镜目检

这种方法在微米、亚微米工艺中是普遍采用的。常见的光刻缺陷有：①掩模版上的图形有缺陷（如铬膜剥落、划伤、脏污等）或曝光系统设备上的不稳定（如透镜缺陷、焦距异常等），就会在图形转移时将缺陷也转移到光刻胶图形上；②硅片受到污染，表面有微粒；③涂胶、曝光、显影条件发生变化，造成图形畸变。

如图 8-14 所示为显微镜目检示意图。

图 8-14 显微镜目检示意图

（2）线宽控制

集成电路的图形尺寸都是由设计准则决定的，而特征尺寸（如栅极的长度）更是决定器件性能的重要参数指标。因此，为保证转移到光刻胶膜上的图形尺寸完全符合设计要求，就需要在光刻工艺的各道工序中找出最佳的工艺条件。

（3）对准检查

在芯片制造的整个工艺过程中，有多层图形的叠加，每一层图形都要进行一次光刻，图形与图形之间都有相对位置关系，这也是由设计规则中的套准允许精度来决定的。

半导体器件和集成电路的制造对光刻质量有如下要求：一是刻蚀的图形完整，尺寸准确，边缘整齐陡直；二是图形内没有针孔；三是图形外没有残留的被腐蚀物质。同时要求图形套刻准确、无污染等。但在光刻过程中，常出现浮胶、毛刺、钻蚀、针孔和小岛等缺陷。

8.3　光刻掩模版

影响光刻工艺过程的主要因素为掩模版、光刻胶和光刻机。

掩模版由透光的衬底材料（石英玻璃）和不透光金属吸收材料（主要是金属铬）组成。通常还要在表面沉积一层保护膜，避免掩模版受到空气中微粒或其他形式的污染。

掩模版是将设计好的版图，通过一定的方法以一定的间距和布局做在基板上，供光刻工艺中重复使用。制造商将设计工程师交付的标准制版数据传送给图形发生器，图形发生器会根据该数据完成图形的产生和重复，并将版图数据分层转移到各层光刻掩模版上。

光刻掩模版质量的优劣直接影响光刻图形的质量。在芯片制造过程中需要经过十几乃至几十次的光刻，每次光刻都需要一块光刻掩模版，每块光刻掩模版的质量都会影响光刻的质量。因此要有高的成品率，就必须制作出高质量的光刻掩模版。

制版的工艺流程如图 8-15 所示。

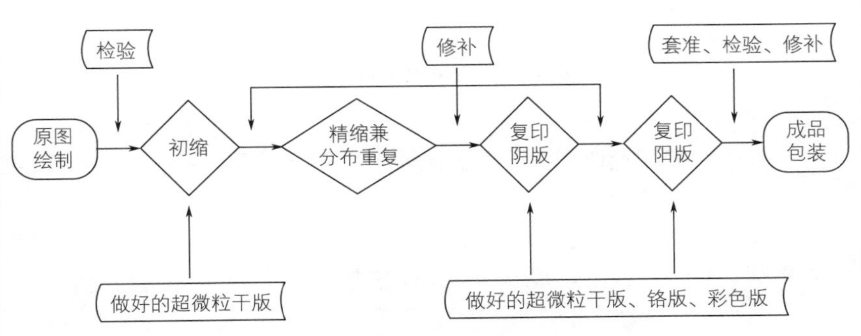

图 8-15　光刻掩模版的制版工艺流程

集成电路生产中，光刻工艺对掩模版的质量要求归纳为如下几点：

① 构成图形阵列的每一个微小图形要有高的图形质量，即图形尺寸要准确，接近设计尺寸的要求，且图形不发生畸变。

② 图形边缘清晰、锐利，无毛刺，过渡区要小，即充分光密度区（黑

区）应尽可能陡直地过渡到充分透明区（白区）。

③ 整套掩模图形中的各层掩模图形能很好地套准，套准误差要尽量地小。

④ 图形与衬底要有足够的反差（光密度差），一般要求达 2.5 以上，同时透明区应无灰雾。

⑤ 掩模应尽可能做到无针孔、小岛和划痕等缺陷。

⑥ 版面平整、光洁、结实耐用。

常用的掩模版有超微粒干版、铬版、彩色版等。但由于超微粒干版耐磨性较差，针孔也较多，已很少采用，所以目前工艺主要采用铬版和彩色版。掩模版的基本构造如图 8-16 所示。

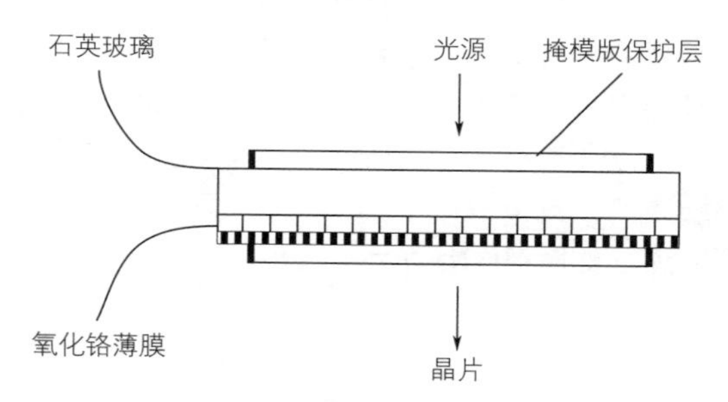

图 8-16　掩模版的基本构造

掩模版保护层的作用在于保护掩模版不与外界干扰物接触，从而保护掩模版不受到沾污。

掩模版的制备主要包括两部分内容，一部分为薄膜的制备，另一部分为光刻。对于铬版，其薄膜制备工作主要是前文提到的蒸镀薄膜。

彩色版是一种新型的透明或半透明掩模，因有颜色，故俗称彩色版，它可有效克服铬版针孔多、易反光、不易对准等缺点。彩色版种类很多，有氧化铁版、硅版、氧化铬版、氧化亚铜版等，目前应用较广的是氧化铁版。氧化铁版的制备方法主要有三种：化学气相沉积（CVD）法、涂覆法及反应溅射法。目前来看聚乙烯二茂铁材料制备的氧化铁版最有前途，它为用 CAD 及数控电子束扫描进行自动化制版提供了切实可行的途径。

8.4　光刻胶

光刻胶是一种有机化合物，它受紫外光曝光后，在显影溶液中的溶解度会发生变化。硅片制造中所用的光刻胶以液态涂在硅片表面，而后被干燥成胶膜。光学光刻胶通常包含有以下 3 种成分。

① 聚合物材料（也称为树脂）：聚合物材料在光的辐照下不发生化学反应，其主要作用是保证光刻胶薄膜的附着性和抗腐蚀性，同时也决定了光刻胶薄膜的其他一些特性（如光刻胶的膜厚、弹性和热稳定性）。

② 感光材料：感光材料一般为复合物（简称 PAC 或感光剂）。感光剂在受光辐照之后会发生化学反应。正胶的感光剂在未曝光区域起抑制溶解的作用，可以减慢光刻胶在显影液中的溶解速度。在正性光刻胶暴露于光线时有化学反应发生，使抑制剂变成了感光剂，从而增加了胶的溶解速率。

③ 溶剂（如丙二醇 – 甲基乙醚，简称 PGME）：溶剂的作用是可以控制光刻胶力学性能（如基体黏滞性），并使其在被涂到硅片表面之前保持为液态。

以光刻胶构成的图形作为掩模对薄膜进行腐蚀，图形就转移到晶片表面的薄膜上了，所以也称光刻胶为光致抗蚀剂。光刻胶在特定波长的光线（或射线）下曝光，其结构发生变化。

如果胶的曝光区在显影中除去，称该胶为正性胶（也叫正胶）；如果胶的曝光区在显影中保留，而未曝光区除去，称该胶为负性胶（也叫负胶）。光刻胶也可以按其用途划分为可见光胶、电子束光刻胶、X 射线光刻胶等。

在显影过程中，如果显影液渗透到光刻胶中，光刻胶的体积就会膨胀，这将导致图形尺寸发生变化。这种膨胀现象主要发生在负胶中。由于负胶存在膨胀现象，对于光刻小于 3nm 图形的情况，基本使用正胶来代替负胶。正胶的分子量通常都比较低，在显影液中的溶解机制与负胶不同，所以正胶几乎不会发生膨胀。

因为正胶不膨胀，其分辨率高于负胶。另外，减小光刻胶的厚度有助于提高分辨率。因此使用较厚的正胶可以得到与使用较薄的负胶相同的分辨率。在相同的分辨率下，与负胶相比可以使用较厚的正胶，从而得到更好的平台覆盖并能降低缺陷的产生，同时抗干法刻蚀的能力也更强。

响应波长在紫光和近、中、远紫外线的光刻胶称为光学光刻胶。其中紫光和近紫外线正、负胶有多种，用途非常广泛。正胶的光刻示意图如图 8-17 所示。

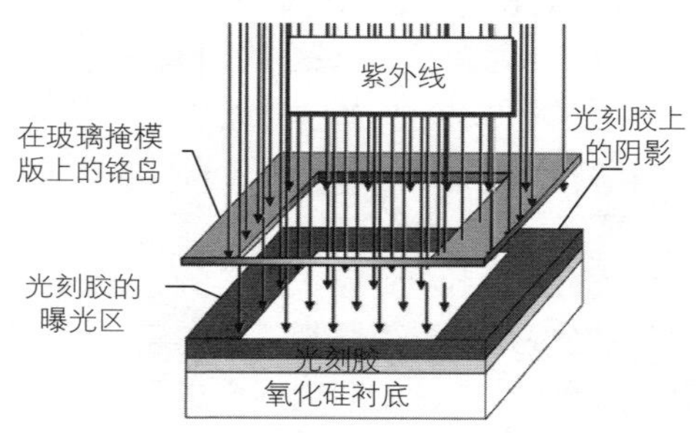

图 8-17 正胶光刻

正胶是目前在集成光学光刻中用得最多的胶，用于正版光刻。曝光后，窗口处的胶膜被显影液除去。正胶的光刻效果如图 8-18 所示。

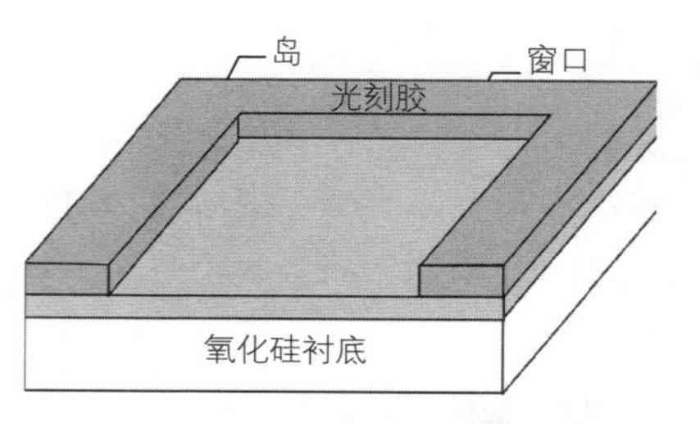

图 8-18 正胶光刻效果

当前常用的正胶为 DQN，组成为光敏剂重氮醌（DQ）、碱溶性的酚醛树脂（N）和溶剂二甲苯等。响应波长 330 ~ 430nm，胶膜厚 1 ~ 3μm，显影液是氢氧化钠等碱性物质。曝光的重氮醌退化，与树脂一同易溶于显影液，未曝光的重氮醌和树脂构成的胶膜难溶于碱性显影液。但是，如果显影时间过长，胶膜均溶于显影液，所以，用正胶光刻要控制好工艺条件。

正胶的受曝光部分发生了光化学反应，未曝光部分无变化，因此显影容易，且图形边缘齐整，无溶胀现象，光刻的分辨率高。目前这种胶的分辨率在 0.25μm 以上。

负胶是使用最早的光刻胶，用于负版光刻。曝光后，窗口处的胶膜保留，未曝光的胶膜被显影液除去，图形发生反转（如图 8–19 所示）。

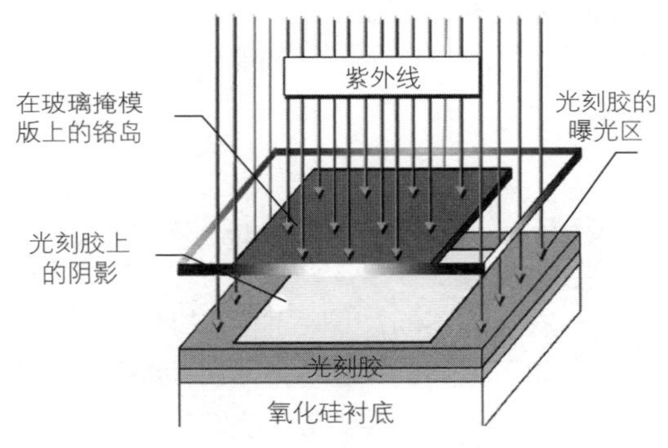

图 8–19　负胶的光刻示意图

图 8–20 为负胶的光刻效果。

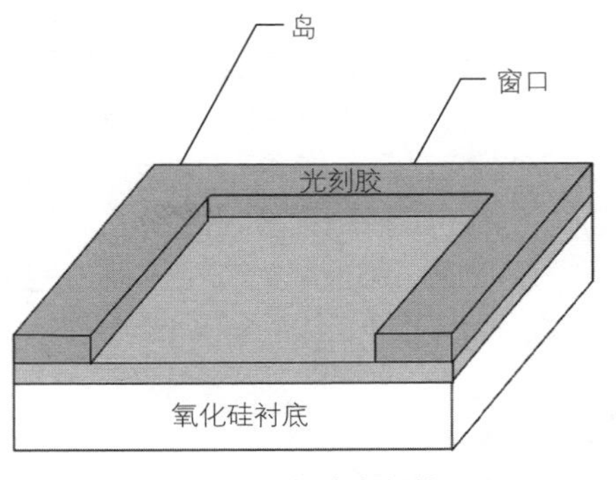

图 8–20　负胶光刻效果

负胶大多数由长链高分子有机物组成。例如，由顺聚异戊二烯和对辐照敏感的交联剂，以及溶剂组成的负胶，响应波长 330 ~ 430nm，胶膜厚度 0.3 ~ 1μm，显影液是有机溶剂，如二甲苯等。曝光的顺聚异戊二烯在交联剂作用下交联，成为体型高分子并固化，不再溶于有机溶剂构成的显影液，而未曝光的长链高分子溶于显影液，显影时被去掉。

正负胶具有以下的特点：正胶显影容易，图形边缘齐，无溶胀现象，光刻的分辨率高，去胶也较容易；负胶显影后保留区的胶膜是交联高分子，在显影时，吸收显影液而溶胀，另外，交联反应是局部的，边界不齐，所以图形分辨率下降，光刻后硬化的胶膜也较难去除，但负胶比正胶抗蚀性强。

8.5　光学分辨率增强技术

随着半导体产业发展的不断加速，迫使芯片制造者在追求器件更高性能的同时又要追求加工成本的经济性，从而竭力与摩尔定律保持一致的步伐。这就使广泛运用的投影光学光刻技术拒绝放弃任何可能的机会，以顽强的生命力不断地突破其先前认定的极限。其中，使投影光学光刻青春永驻的驱动力则是各种光学分辨率增强技术的不断突破。光学分辨率增强技术理论的提出和应用突破了根据传统光学理论所预言的投影光学光刻分辨率极限的限制，可充分挖掘大量现有投影曝光系统及发展中的深紫外线曝光系统的潜力。

从广义上讲，光学分辨率增强技术包括移相掩模技术（Phase Shift Mask，PSM）、离轴照明技术（Off-Axis Illumination，OAI）、光学邻近效应校正技术（Optical Proximity Correction，OPC）以及其他一切在不增大数值孔径和不缩短曝光波长的前提下，通过改变光波波前，来提高光刻分辨率，增大焦深和提高光刻图形质量的技术和方法。下面就几种常见的光学分辨率增强技术进行简单的介绍。

8.5.1　离轴照明技术

离轴照明技术是指在投影光刻机中所有照明掩模的光线都与主光轴

方向有一定夹角，照明光经过掩模衍射后，通过投影光刻物镜成像时，仍无光线沿主光轴方向传播，是被认为最有希望拓展光学光刻分辨率的技术之一。它能大幅提高投影光学光刻系统的分辨率和增大焦深。

离轴照明技术采用倾斜照明方式，用从掩模图形透过的0级光和其中一个1级衍射光成像，为双光束成像，与传统照明情况下的三光束或多光束成像相比，不但提高了分辨率，而且明显改善了焦深。其原理示意图如图8-21所示。

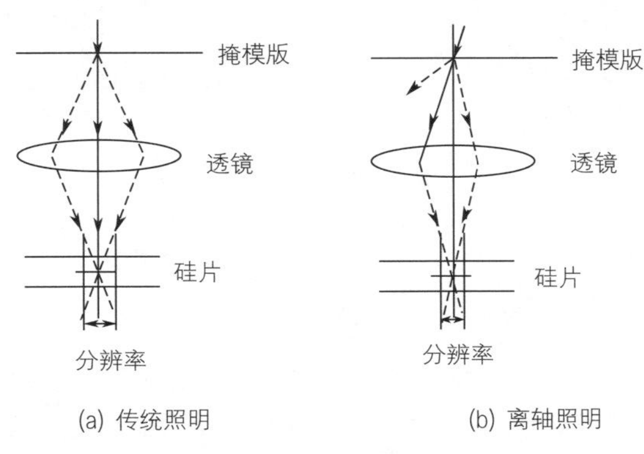

图8-21　离轴照明技术

离轴照明同样可改善焦深。传统照明时，由于掩模衍射，有0级、±1级三束光参与成像，在理想焦平面内这三束光的相位差（即光程差）为零。但离焦时，1级光相对0级光的相位不为零，其大小取决于离焦量和1级光在光瞳上的径向位置，对比度因相位差而受到影响。倾斜照明时0级光与一束1级衍射光参与成像，如果使这两束光与主光轴夹角相等，则离焦时它们之间的相位差为零，理论上不存在由离焦引起的像差。因此离轴照明的焦深有大幅度改善，如图8-22所示。

但是，离轴照明技术也具有一定的局限性，需要进一步研究和尽可能完善的问题有：光刻图形的边缘情况不理想；对于接近分辨率极限的特征图形邻近效应较严重；能量利用率低；照明均匀性差；对离散线条的像质改进作用不大；分辨率和焦深的改进与图形的方向和疏密有关；等等。

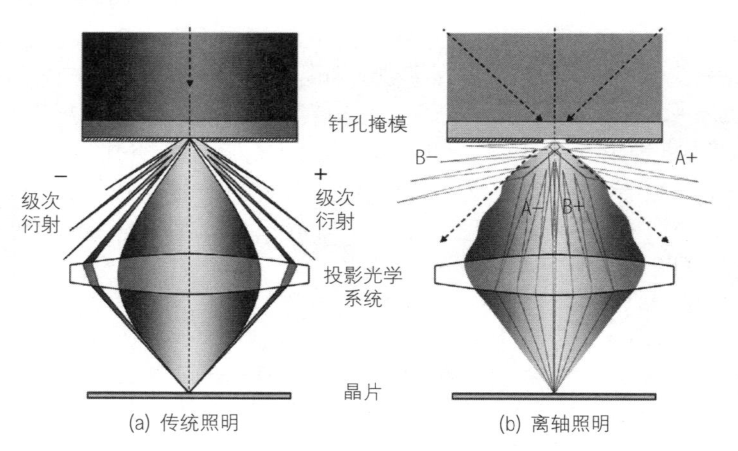

图 8-22　离轴照明系统示意图

8.5.2　移相掩模技术

移相掩模的基本原理是在光掩模的某些透明图形上增加或减少一个透明的介质层，称移相器，使光波通过这个介质层后产生 180°的相位差，与邻近透明区域透过的光波产生干涉，抵消图形边缘的光衍射效应，从而提高图形曝光分辨率。移相掩模技术被认为是最有希望拓展光学光刻分辨率的技术之一。

移相层材料有两类：一类是有机膜，以抗蚀剂为主，如 PMMA 胶；另一类是无机膜，如二氧化硅。

当所需的曝光临界尺寸接近或小于曝光光线波长时，由于光衍射产生的邻近效应的作用，应用普通的掩模版进行曝光将无法得到所需的图形，硅片上图形的特征尺寸将大于所需尺寸。移相掩模技术通过对掩模版结构进行改造，从而达到缩小特征尺寸的目的。

如图 8-23 所示是移相掩模的光强分布。

图中分别给出了常规掩模和加入移相器后的光强分布。对于常规掩模工艺，当掩模版中不透光区域的尺寸小于或接近曝光光线波长时，由于光的衍射作用，不透光区域所遮挡的抗蚀剂也会受到照射。当透光的两个区域距离很近时，从这两个区域衍射而来的光线在不透光处发生干

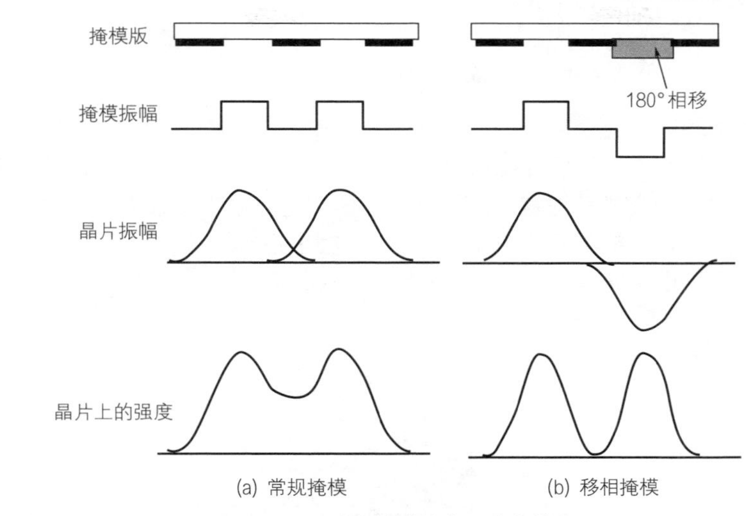

图 8-23　移相掩模的光强分布情况

涉。由于两处光线的相位相同，干涉后使得光强增加。当光强达到或超过抗蚀剂的临界曝光剂量时，不透光处的抗蚀剂也会发生曝光。这样相邻的两个图形之间将无法分辨。加入移相器后，在不透光区域发生干涉的两部分光线之间有 180°的相移，在干涉时该部分的光强将不会加强，反而由于相位相反而减弱。这样不透光区域的抗蚀剂就不会发生曝光现象，两个相邻的图形之间就可以区分，从而达到了提高分辨率的目的。

不同掩模版的电场分布情况，如图 8-24 所示。

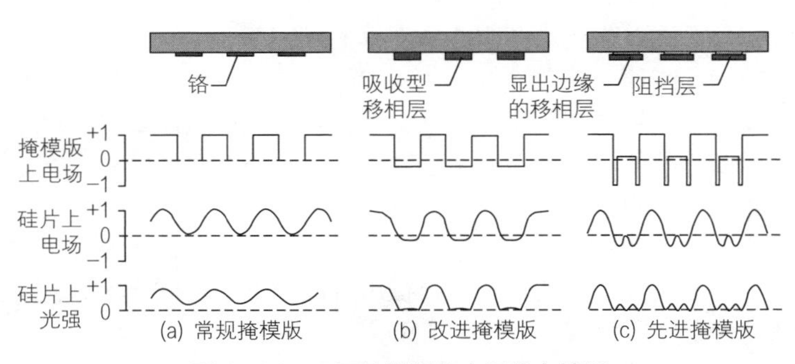

图 8-24　不同掩模版的电场分布情况

8.5.3 光学邻近效应校正技术

光学邻近效应是指在光刻过程中，由于掩模上相邻微细图形的衍射光相互干涉而造成像面光强分布发生改变，使曝光得到的图形偏离掩模设计所要求的尺寸和形状，如图 8-25 所示是光学邻近效应的示意图。这些畸变将对集成电路的电学性质产生较大的影响。光刻图形的特征尺寸越接近于投影光学光刻系统的极限分辨率，邻近效应就越明显。

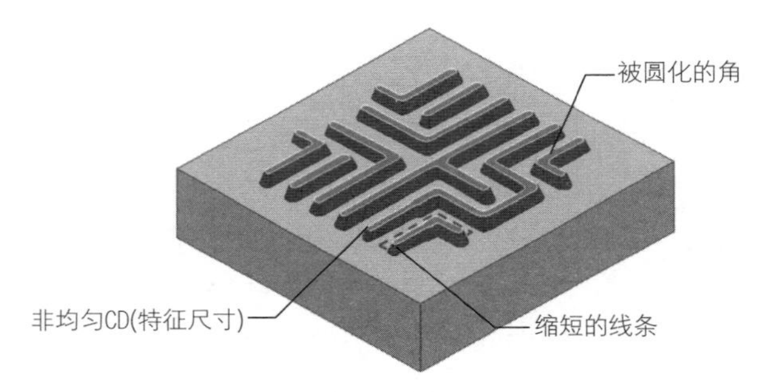

图 8-25　光学邻近效应

光学邻近效应校正技术，是在掩模设计时采用将图形预先畸变的方法，对光学邻近效应加以校正，使光刻后能得到符合设计要求的电路图形。

光学邻近效应校正的种类有线条偏置法、形状调整法、加衬线法、微型灰度法。如图 8-26 所示，根据线条在掩模中的结构对它的局部宽度进行调整，或者在线条两边或内部根据周围图形排布情况增加透光或不透光的辅助线条，以有效保证线宽的同一性；预增长线条在掩模上的长度，或者在线条线端上加锤头状辅助图形等，以减小线端的回缩；对拐角图形依其凸凹状况在掩模上加辅助小图形做增添或挖补修正，以改善图像在硅片上的形状，使之符合设计电路的要求。

在相同的生产条件下使用这种技术后，能用现有的光刻设备制造出具有更小特征尺寸的集成电路。特征尺寸减小到小于曝光波长时，光学邻近效应校正技术就成了必不可少的需求。原则上说，邻近效应不能完全校正，只能做到适当补偿。

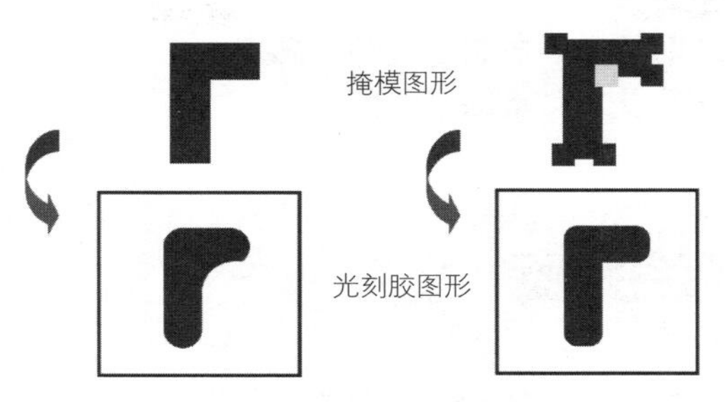

图 8-26　光学邻近效应校正

8.6　紫外光曝光技术

光刻技术可利用可见光（Visible）、近紫外光（Near Ultra-Violet，NUV）、中紫外光（MidUV，MUV）、深紫外光（DeepUV，DUV）、真空紫外光（VacuumUV，VUV）、极紫外光（ExtremeUV，EUV）、X 射线（X-Ray）等光源对光刻胶进行照射；或者用高能电子束（25k ~ 100keV）、低能电子束（约 100eV）等对光刻胶进行照射。

紫外（UV）光源和深紫外（DUV）光源是目前工业上普遍应用的曝光光源。常用光源的技术参数如表 8-3 所示。

表 8-3　不同光源对应的技术参数

光源	波长 λ /nm	术语	分辨率系数 k_1	NA	技术节点
汞灯	436	g 线	0.8	0.15 ~ 0.45	>0.5μm
	365	i 线	0.6	0.35 ~ 0.60	0.5/0.35μm
KrF（激光）	248	DUV	0.3 ~ 0.4	0.35 ~ 0.82	0.25/0.13μm
ArF（激光）	193	193DUV	0.3 ~ 0.4	0.60 ~ 0.93	90/65…28nm
F_2（激光）	157	VUV	0.2 ~ 0.4	0.85 ~ 0.93	
等离子体	13.5	EUV	0.74	0.25 ~ 0.70	22/18nm

以 UV 和 DUV 光源发展起来的曝光方法主要有接触式曝光、接近式曝光和投影式曝光，如图 8-27 所示。

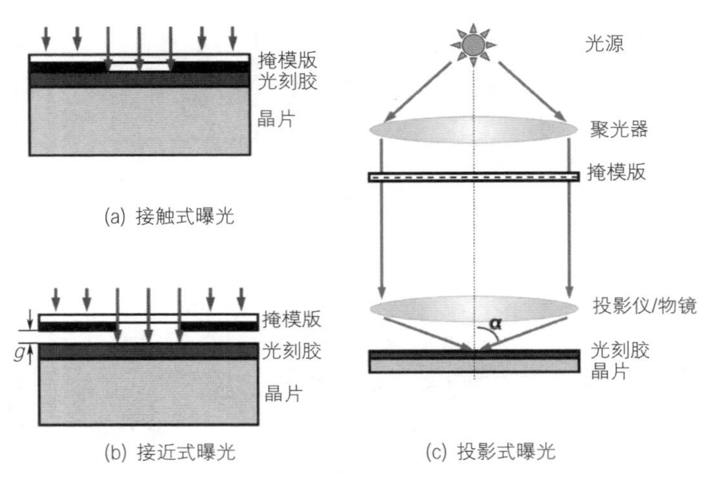

图 8-27　不同曝光形式示意图

8.6.1　接触式曝光

接触式曝光系统中，掩模版与硅片是紧密接触的，距离非常小，但不等于 0，因为光刻胶有一定的厚度，光刻胶的曝光是在胶层中进行的。

由于掩模版和硅片紧密接触，使得接触式曝光的优点在于分辨率高，但同样由于这种紧密接触，会给掩模版带来沾污和损耗，从而造成工艺缺陷，成品率低。目前该曝光方法已处于被淘汰的地位。

接触式光刻机是从 SSI 时代直到 20 世纪 70 年代的主要光刻手段。它用于线宽尺寸约 5μm 及以上的生产方式中，尽管 0.45μm 线宽也能实现，现今接触式光刻机已不被广泛使用。如图 8-28 所示是接触式光刻机结构示意图。

接触式光刻系统依赖人操作，并且容易被沾污。因为掩模版和光刻胶是直接接触的，颗粒沾污会损坏光刻胶层或掩模版，或者两者都损坏了，每 5 ~ 25 次操作就需更换掩模版。颗粒周围的区域都存在分辨率问题。

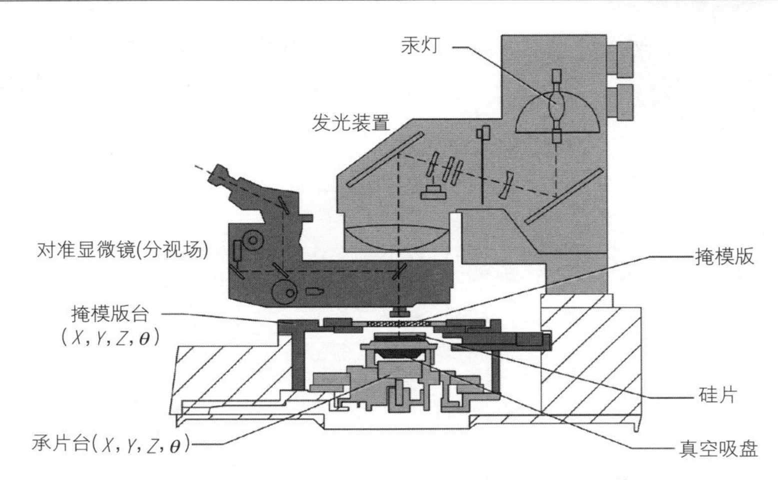

图 8-28　接触式光刻机结构图

8.6.2　接近式曝光

接近式曝光装置与接触式相近。主要区别在于硅片与掩模版之间存在一定的缝隙，通常约 5μm，避免由于直接接触形成掩模版的沾污，所以称这种方法为接近式曝光。

接近式光刻机企图缓解接触式光刻机的沾污问题，它是通过在光刻胶表面和掩模版之间形成间隙实现的。尽管间距大小被控制，接近式光刻机的工作能力还是被减小了。因为当紫外光通过掩模版透明区域和空气时就会发散，如图 8-29 所示。这种情况减小了系统的分辨能力，减小线宽关键尺寸就成了主要问题。

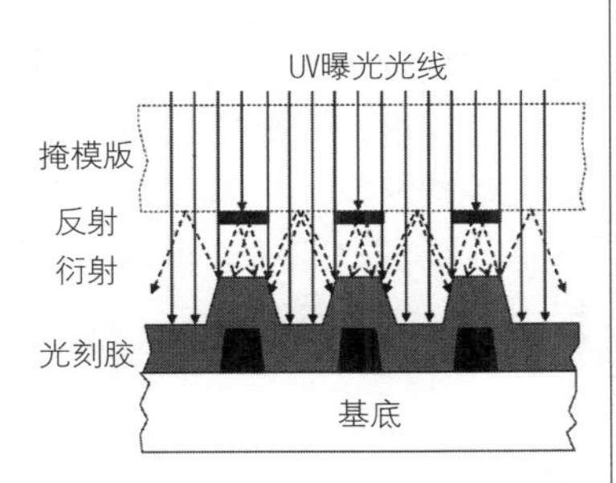

图 8-29　接近式曝光衍射示意图

8.6.3　投影式曝光

投影式曝光系统示意图如图 8-30 所示。光源光线经透镜后变成平行光，然后通过掩模版并由第二个透镜聚焦投影在硅片上成像，硅片支架和掩模版间有一个对准系统。投影曝光系统的分辨率主要受衍射限制。

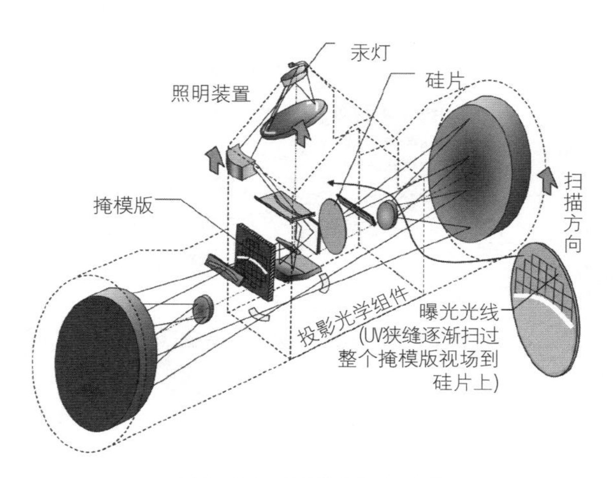

图 8-30　投影式曝光系统

投影曝光的两个突出优点是：①样品与掩模版不接触，所以免去了接触磨碰引入的工艺缺陷；②掩模版不易破损，所以可对掩模版做仔细整修去除缺陷，提高掩模版的利用率。

扫描投影光刻机的一个主要挑战是制造良好的包括硅片上所有芯片的 1 倍掩模版。如果芯片中有亚微米特征尺寸，那么掩模版上也有亚微米特征尺寸。亚微米特征尺寸的引入，使这种光刻方法很困难，因为掩模不能做到无缺陷。

20 世纪 90 年代用于硅片制造的主流精细光刻设备是分步重复投影光刻机，如图 8-31 所示。分步重复投影光刻机有它们独特的名字是因为这种设备一次只投影一个曝光场（这可能是硅片上的一个或多个芯片），然后步进到硅片上另一个位置重复曝光。

分步重复投影光刻机使用投影掩模版，上面包含了一个曝光场内对应的一个或多个芯片的图形。分步重复投影光刻机的光学投影曝光系统使用折射光学系统把版图投影到硅片上。

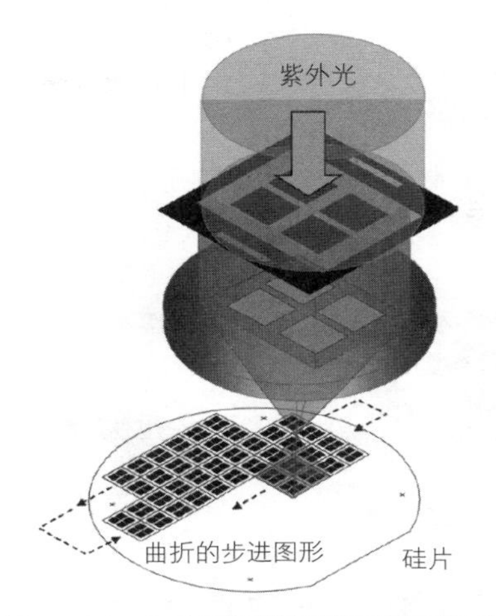

图 8-31　分步重复投影光刻机示意图

分步重复投影光刻机的一大优势在于它具有使用缩小透镜的能力。传统上，1 线分步重复投影光刻机的投影掩模版图形尺寸是实际像的 4 倍、5 倍或 10 倍（最初分步重复投影光刻机使用 10 倍版，后来是 5 倍和 4 倍）。使用 5 倍版的光刻机需要一个 5 ： 1 的缩小透镜把正确的图形尺寸成像在硅片表面。这个缩小的比例使得投影掩模版的制造变得更容易，因为投影掩模版上的特征图形是硅片上最终图形的 5 倍。分步重复投影光刻机的主要缺点是生产效率较低。

为了解决分步重复投影光刻机曝光视场尺寸和镜头成本的矛盾，在光刻曝光设备上的发展是使用了一种称为步进扫描投影光刻的技术，如图 8-32 所示。步进扫描投影光刻机是一种混合设备，融合了扫描投影光刻机和分步重复投影光刻机技术，是通过使用缩小透镜扫描一个大曝光场图像到硅片上的一部分实现的。

使用步进扫描投影光刻机曝光硅片的优点是增大了曝光场，可以获得较大的芯片尺寸。透镜视场只要是一个细长条形就可以了，就像较早的整片扫描投影光刻机那样。

步进扫描投影光刻机的另一个重要优点是具有在整个扫描过程中调节聚焦的能力，使透镜缺陷和硅片平整度变化能够得到补偿。这种改进扫描过程中的聚焦控制使整个曝光场内的 CD 均匀性控制得到改善。

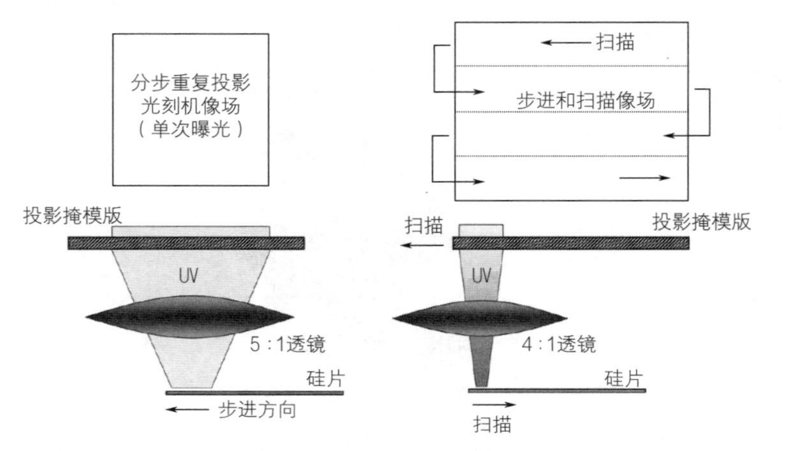

图 8-32　步进扫描投影光刻机示意图

8.6.4　其他曝光技术

浸入式光刻、纳米压印光刻、极紫外光刻（EUV）和无掩模光刻（ML2）一起成为后光刻技术时代的候选技术。

（1）浸入式光刻技术

在传统的光刻技术中，其镜头与光刻胶之间的介质是空气，而所谓浸入式光刻技术是将空气介质换成液体。实际上，浸入式光刻技术利用光通过液体介质后光源波长缩短来提高分辨率，其缩短的倍率即为液体介质的折射率。例如，在 193nm 光刻机中，在光源与硅片（光刻胶）之间加入水作为介质，而水的折射率约为 1.4，则波长可缩短为 193/1.4=138nm。如果放的液体不是水，而是其他液体，只要折射率比 1.4 高时，那实际分辨率可以非常方便地再次提高，这也是浸入式光刻技术能很快普及的原因。

从光刻系统分辨率公式可知，减小曝光光源的波长并增加投影透镜的 *NA* 都可以提高分辨率。自从 193nm 波长成为主攻方向以后，增大 *NA* 成为业界人士孜孜不倦的追求。表 8-4 所示是提高 193nm ArF 浸入式光刻机 *NA* 的方案。由此可见，浸入液、光刻设备和其他相关环节的紧密配合是浸入式光刻技术前进的保证。

表 8-4 提高 193nm ArF 浸入式光刻机 *NA* 的方案

折射指数	解决方案
1.37	水 + 平面镜头 + 光学石英材料
1.42	第二代浸入液 + 平面镜头 + 光学石英材料
1.55	第二代浸入液 + 弯曲主镜头 + 光学石英材料
1.65	第三代浸入液 + 新光学镜头材料 + 新光刻胶
1.75	第三代浸入液 + 新光学镜头材料 + 半场尺寸

浸入式光刻技术对于全球半导体工业所带来的效益是无法估量的，可以节省大量的资金，由此对摩尔定律再能持续 10 ~ 15 年完全充满信心。

浸入式光刻技术应解决的技术问题是：①研发高折射率的光刻胶，2004 年光刻胶折射率为 1.7；②研发高折射率的浸入液体，水折射率为 1.4，研发折射率为 1.6 ~ 1.7 的浸入液体，折射指数大于 1.65 的流体，满足黏度、吸收和流体循环要求；③研发高折射率的光学材料，折射指数大于 1.65 的透镜材料，满足透镜设计的吸收和双折射要求；④控制由于浸入环境引起的缺陷，包括气泡和污染。

（2）纳米压印光刻

纳米压印光刻（Nano Imprint Lithography，NIL）是由华裔科学家、美国普林斯顿大学的 Chou 等在 1995 年首先提出的一种全新的纳米图形复制方法。它采用传统的机械模具微复型原理来代替包含光学、化学及光化学反应机理的复杂光学光刻，避免了对特殊曝光光源、高精度聚焦系统、极短波长透镜系统，以及抗蚀剂分辨率受光半波长效应的限制和要求。目前压印的最小特征尺寸可以达到 5nm。

NIL 较之现行的投影光刻和其他下一代光刻技术，具有高分辨率、超低成本和高生产率等特点。现有的纳米压印光刻工艺主要包括热压印（Hot Embossing Lithography，HEL）、紫外纳米压印（Ultra Violet-Nano Imprint Lithography，UV-NIL）和微接触印刷（Micro Contact Print， MCP）。

NIL 图形的转移是通过模具下压导致抗蚀剂流动并填充到模具表面特征图形中实现的，随后增大模具下压载荷致使抗蚀剂减薄，在抗蚀剂减薄过程中下压载荷恒定；当抗蚀剂减薄到后续工艺允许范围内（设定的留膜厚度）停止模具下压并固化抗蚀剂。与传统光刻工艺相比，它不是通过改变抗蚀剂的化学特性而实现抗蚀剂的图形化的，而是通过抗蚀剂的受力变形实现其图形化的。

NIL 工艺的原理如图 8-33 所示。

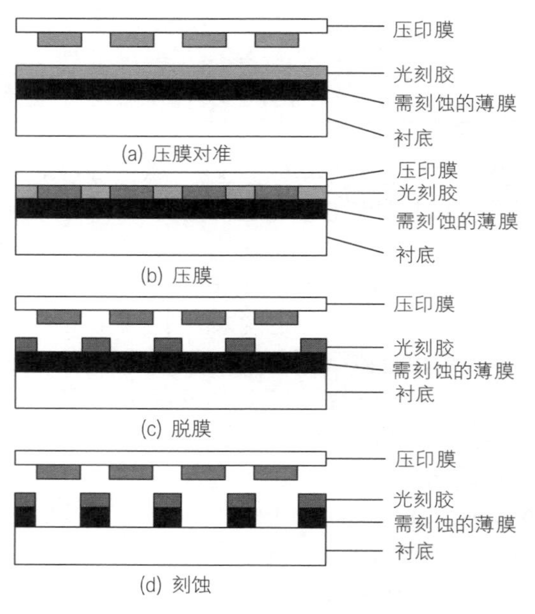

图 8-33　NIL 工艺原理

对于其他光刻技术，电子束曝光、X 射线曝光、离子束曝光等光刻技术都几乎不受光的衍射极限限制，可以作为分辨率达亚微米级的超大规模集成电路的光刻技术。它们在 20 世纪 70 年代就已出现。但是，由于生产效率低、设备复杂、价格昂贵，直到 90 年代电子束光刻才普遍用于超大规模集成电路的生产之中，现在已成为超大规模集成电路制版的标准工艺技术。

第9章

刻蚀技术

9.1 概述
9.2 湿法刻蚀
9.3 干法刻蚀

在微电子芯片制造过程中，常常需要在硅片表面做出具有极微细尺寸的图形，而使用刻蚀技术将光刻技术所产生的光刻胶图形，包括线、面和孔洞，准确无误地转印到光刻胶底下的材质上，形成整个芯片所应有的复杂结构，是最主要的方式之一。因此，刻蚀技术与光刻技术总称为图形转移技术，在半导体器件的制造过程中具有极为重要的地位。

一般来说，在集成电路制备中对刻蚀技术的基本要求包括 4 个方面：①图形转移的保真度；②选择比；③均匀性；④刻蚀的清洁。

9.1 概述

对于早期器件的刻蚀工艺，一般来说要求刻蚀深度均匀、选择比好、掩模能完全传递和侧壁的陡直度好。随着新型器件的不断出现，对于刻蚀工艺也提出了越来越多的要求，形貌方面比如圆包刻蚀、梯形刻蚀、三角刻蚀等，槽的状态方面要求大的深宽比、V 形槽，保证深度的情况下要求低损伤等。

理想的刻蚀工艺必须具有以下特点：

① 各向异性刻蚀，即只有垂直刻蚀，没有横向钻蚀；

② 良好的刻蚀选择性，即对作为掩模的抗蚀剂和处于其下的另一层薄膜或材料的刻蚀速率都比被刻蚀薄膜的刻蚀速率小得多；

③ 加工批量大，控制容易，成本低，对环境污染少，适用于工业生产。

广义而言，刻蚀技术为利用物理和化学的方法，将衬底表面不需要的材料进行去除的技术，因此涵盖了所有将材质表面均匀移除或是有选择性地部分去除的技术，如图 9-1 所示。

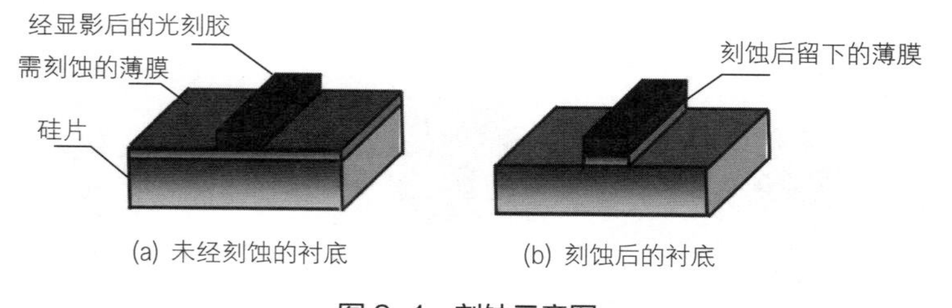

图 9-1 刻蚀示意图

根据刻蚀的工艺环境，可大体将刻蚀技术分为湿法刻蚀（Wet Etching）和干法刻蚀（Dry Etching）两种方法。两种刻蚀的示意图如图 9-2 所示。

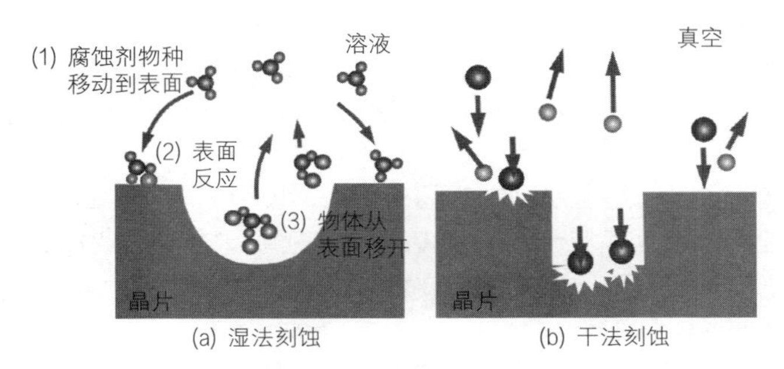

(a) 湿法刻蚀　　(b) 干法刻蚀

图 9-2　湿法刻蚀与干法刻蚀

湿法刻蚀，也就是利用合适的化学溶液，将未被阻挡层覆盖部分材料分解，使其转变为可溶于腐蚀液的化合物，从而达到去除的目的。早期的刻蚀技术大多采用这种湿法刻蚀的技术，对于不同的刻蚀材料，需要通过化学溶液的选取、配比和温度的控制，得到合适的刻蚀速率以及良好的刻蚀选择比。但湿法刻蚀的钻蚀现象使得在集成电路的器件尺寸越来越小时容易出现芯片失效，从而逐渐被干法刻蚀所取代。

所谓的干法刻蚀，通常指的就是利用辉光放电（Glow Discharge）的方式，产生带电离子以及具有高度化学活性的中性原子和自由基的等离子体，对刻蚀材料进行反应以将光刻图形转移到晶片上的技术。

根据刻蚀方向方面的区别，可以将刻蚀分成各向同性刻蚀和各向异性刻蚀，如图 9-3 所示。

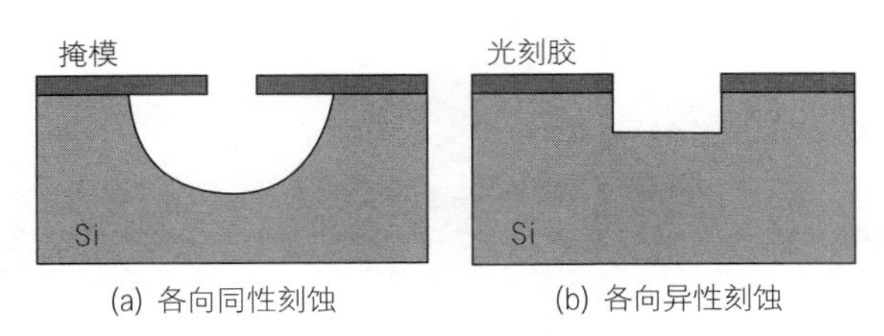

(a) 各向同性刻蚀　　(b) 各向异性刻蚀

图 9-3　不同方向的刻蚀效果示意图

9.2 湿法刻蚀

湿法刻蚀的优点是工艺、设备简单，而且成本低、产能高，具有良好的刻蚀选择比。但是，因为湿法刻蚀是利用化学反应来进行薄膜的去除的，而大多数化学反应本身并不具有方向性，所以湿法刻蚀属于各向同性刻蚀。

各向同性刻蚀是湿法刻蚀的固有特点，也可以说是湿法刻蚀的缺点。湿法刻蚀通常还会使位于光刻胶边缘下面的薄膜材料也被刻蚀，这会使刻蚀后的线条宽度难以控制。选择合适的刻蚀速率，可以减小对光刻胶边缘下面薄膜的刻蚀。

虽然湿法刻蚀已大部分被干法刻蚀所取代，但它在漂去氧化硅、去除残留物、表层剥离以及大尺寸图形刻蚀应用方面仍然起着重要的作用。与干法刻蚀相比，湿法刻蚀的好处在于对下层材料具有高的选择比，对器件不会带来等离子体损伤，并且设备简单。

目前通常使用湿法刻蚀处理的材料包括 Si、SiO_2、Si_3N_4、Al 和 Cr 等。下面对此分别进行讨论。

9.2.1 硅的湿法刻蚀

在湿法刻蚀硅的各种方法中，大多数都是采用强氧化剂对硅进行氧化，然后利用氢氟酸（HF）与 SiO_2 反应来去掉硅，从而达到对硅的刻蚀目的。硅的各种刻蚀溶剂（腐蚀液）总结如下。

腐蚀液：

无机腐蚀液：KOH、NaOH、LiOH、NH_4OH 等；

有机腐蚀液：EPW、TMAH 和联胺等。

常用体硅腐蚀液：

氢氧化钾 (KOH) 系列溶液；

EPW（E：乙二胺；P：邻苯二酚；W：水）系列溶液。

最常用的刻蚀溶剂是硝酸（HNO_3）与氢氟酸（HF）和水（或醋酸）的混合液。

化学反应方程式为

$$Si+HNO_3+6HF \longrightarrow H_2SiF_6+HNO_2+H_2O+H_2 \quad (9-1)$$

具体的反应式可以分解为：

$$\begin{aligned} Si+4HNO_3 &= SiO_2+4NO_2+2H_2O \\ SiO_2+4HF &= SiF_4+2H_2O \\ SiF_4+2HF &= H_2SiF_6 \end{aligned} \quad (9-2)$$

式中，反应生成的 H_2SiF_6 可溶于水。在腐蚀液中，加入醋酸（CH_3COOH）可以抑制硝酸的分解，从而使硝酸的浓度维持在较高的水平。对于 HF-HNO_3 混合的腐蚀液，当 HF 的浓度高而 HNO_3 的浓度低时，硅的刻蚀速率由 HNO_3 浓度决定，硅的刻蚀速率基本上与 HF 浓度无关，因为这时有足量的 HF 去溶解反应中所生成的 SiO_2。当 HF 的浓度低而 HNO_3 浓度高时，Si 的刻蚀速率取决于 HF 的浓度，即取决于 HF 溶解反应生成的 SiO_2 的能力。硅刻蚀速率与试剂配比之间的关系如图 9-4 所示。

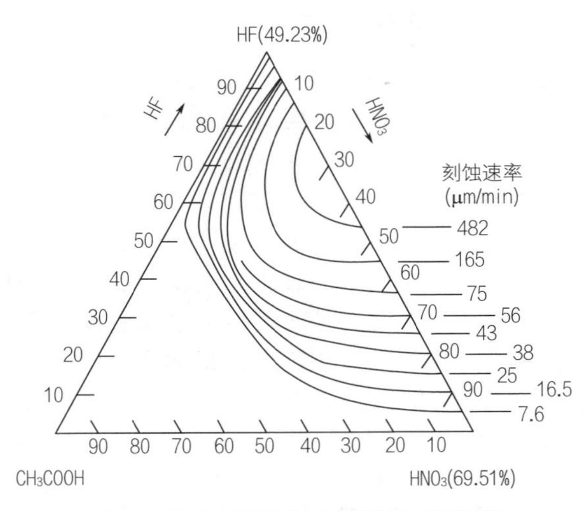

图 9-4　硅刻蚀速率与试剂配比之间的关系

此外，也可以用含 KOH 的溶液来进行 Si 的刻蚀，化学反应方程式如式（9-3）所示。

$$Si+2KOH+H_2O \longrightarrow K_2SiO_3+2H_2 \quad (9-3)$$

这种溶液对 Si(100)面的刻蚀速率比(111)面快了许多，如图 9-5 所示，所以刻蚀后的轮廓将成为 V 形的沟渠状。

不过这种湿法刻蚀大多用在微机械器件的制造上，在传统的 IC 工艺上并不多见。

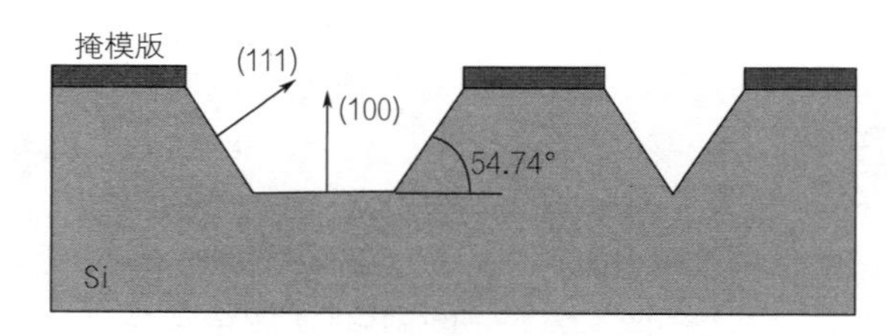

图 9-5　Si 的各向异性刻蚀

9.2.2　二氧化硅的湿法刻蚀

由于 HF 可以在室温下与 SiO_2 快速反应而不会刻蚀 Si 基材或多晶硅，所以它是湿法刻蚀 SiO_2 的最佳选择。使用含有 HF 的溶液来进行 SiO_2 的湿法刻蚀时，发生的化学反应方程式为

$$SiO_2+6HF \longrightarrow SiF_6+2H_2O+H_2 \qquad (9-4)$$

在上述反应过程中，HF 不断消耗，因此反应速率随时间的增加而降低。为了避免这种现象的发生，通常在腐蚀液中加入一定量的氟化铵作为缓冲剂（形成的腐蚀液称为缓冲氢氟酸 BHF）。氟化铵通过分解反应产生 HF，从而维持 HF 的恒定浓度。常用的配方为 HF：NH_4F：H_2O=3mL：6g：10mL，其中 HF 是 45% 的浓氢氟酸。NH_4F 分解反应方程式为

$$NH_4F \rightleftharpoons NH_3+HF \qquad (9-5)$$

分解反应产生的 NH_3 以气态被排除掉。

9.2.3　氮化硅的湿法刻蚀

Si_3N_4 在半导体工艺中主要是作为场氧化层（Field Oxide），进行局部氧化生长时的屏蔽层及半导体器件完成主要制备流程后的保护层。

可以使用加热至 180℃的 H_3PO_4 溶液刻蚀 Si_3N_4，其刻蚀速率与 Si_3N_4 的生长方式有关。

不过，由于高温 H_3PO_4 会造成光刻胶的剥落，在进行有图形的 Si_3N_4 湿法刻蚀时，必须使用 SiO_2 作为掩模。一般来说，Si_3N_4 的湿法刻蚀大多应用于整面的剥除。对于有图形的 Si_3N_4 的刻蚀，则采用干法刻蚀的方式。

9.2.4　铝的湿法刻蚀

在半导体集成电路的制作过程中，多数电极的引线都是由铝膜形成的。铝是银白色的金属，密度为 2.7g/cm^3，熔点是 658.9℃，在常温下能生成很薄的氧化铝稳定态薄膜，一旦去除薄膜，铝会继续氧化并放出大量的热。一般来说，铝或铝合金的刻蚀溶液主要是加热的磷酸、硝酸、醋酸及水的混合溶液。

加热的温度是 35 ~ 60℃，温度越高刻蚀速率越快。刻蚀反应的进行方式是由硝酸和铝反应产生氧化铝，再由磷酸和水分解氧化铝。其主要化学反应方程式为

$$2Al+6HNO_3 \longrightarrow Al_2O_3+3H_2O+6NO_2 \tag{9-6}$$

$$Al_2O_3+2H_3PO_4 \longrightarrow 2AlPO_4+3H_2O \tag{9-7}$$

通常，溶液的配比、温度的高低、是否搅拌、搅拌的速率等条件均会影响铝或铝合金的刻蚀速率，常见的刻蚀速率范围在 100 ~ 300nm/min。

9.3　干法刻蚀

与湿法刻蚀比较，干法刻蚀的优点有：保真度好，图形分辨率高；湿法刻蚀难的薄膜如氮化硅等可以进行干法刻蚀；清洁性好，气态生成物被抽出；无湿法刻蚀的大量酸碱废液。缺点有：设备复杂，选择比不如湿法刻蚀。

在干法刻蚀中，纵向的刻蚀速率远大于横向的刻蚀速率，位于光刻胶边缘下面的材料会受到光刻胶很好的保护。但离子对硅片上的光刻胶和无保护的薄膜会同时进行轰击刻蚀，其刻蚀的选择性就比湿法刻蚀差。

干法刻蚀分为 3 种：物理性刻蚀、化学性刻蚀、物理化学性刻蚀。

物理性刻蚀是利用辉光放电将气体（Ar 气）电离成带正电的离子，再利用偏压将离子加速，溅击在被刻蚀物的表面而将被刻蚀物的原子击出——溅射，该过程完全是物理上的能量转移，故称物理性刻蚀，如图 9-6 所示。

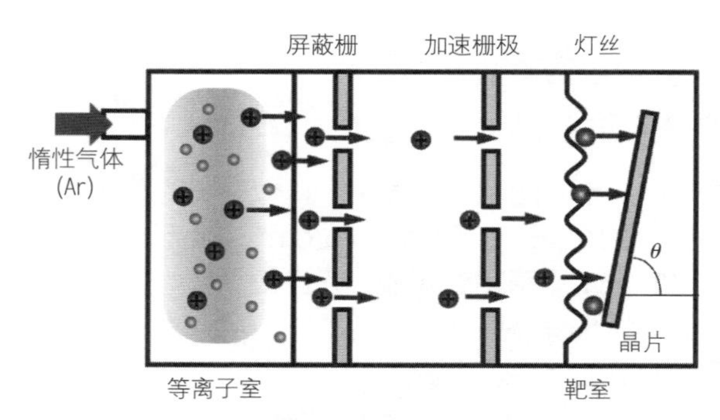

图 9-6　物理性刻蚀示意图

化学性刻蚀，或称为等离子体刻蚀（Plasma Etching），是利用等离子体将刻蚀气体电离并形成带电离子、分子及反应活性很强的原子团，它们扩散到被刻蚀薄膜表面后与被刻蚀薄膜的表面原子反应生成具有挥发性的反应产物，并被真空设备抽离反应腔。因这种刻蚀完全利用化学反应，故称为化学性刻蚀，如图 9-7 所示。

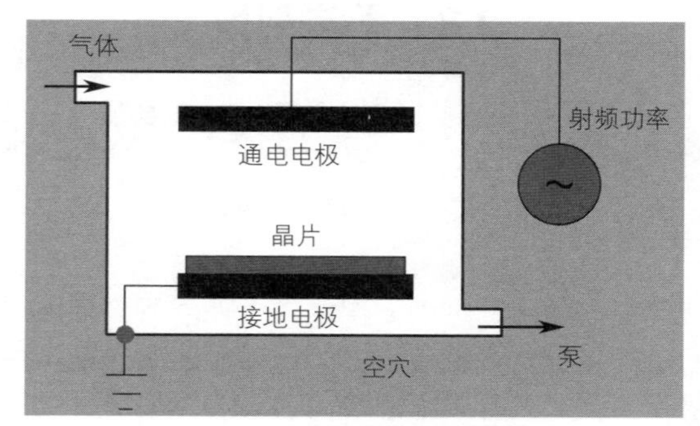

图 9-7　化学性刻蚀示意图

IC 中采用最多的刻蚀方法是结合物理性的离子轰击与化学反应的刻蚀，又称为反应离子刻蚀（Reactive Ion Etching，RIE），实际是离子辅助刻蚀，如图 9-8 所示。设备特点是被刻蚀衬底放置在功率电极上。这种方式兼具非等向性与高刻蚀选择比的双重优点。

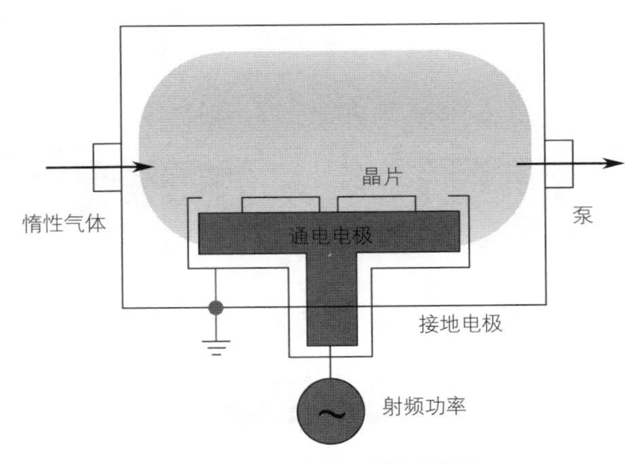

图 9-8　反应离子刻蚀示意图

应用干法刻蚀时，主要应注意刻蚀速率、均匀度、选择比及刻蚀轮廓等。干法刻蚀的对比如表 9-1 所示。

表 9-1　干法刻蚀对比

分类	等离子刻蚀	溅射刻蚀 / 离子铣	反应离子刻蚀
刻蚀原理	辉光放电产生的活性粒子与需要刻蚀的材料发生反应形成挥发性产物	高能离子轰击需要刻蚀的材料表面，使其产生损伤并去除损伤	两种方法结合
刻蚀过程	化学（物理效应很弱）	物理	化学 + 物理
主要参数	刻蚀系统压力、功率、温度、气流以及相关可控参数		
优点	各向异性好、工艺控制较易且污染少		
缺点	刻蚀选择性相对较差、存在刻蚀损伤、产量小		

9.3.1 刻蚀参数

（1）刻蚀速率

刻蚀速率是指在刻蚀过程中去除硅片表面材料的速率，通常用Å/min（1Å=0.1nm）表示。为了提高产量，希望有高的刻蚀速率。在采用单片工艺的设备中，这是一个很重要的参数，如图 9-9 所示。

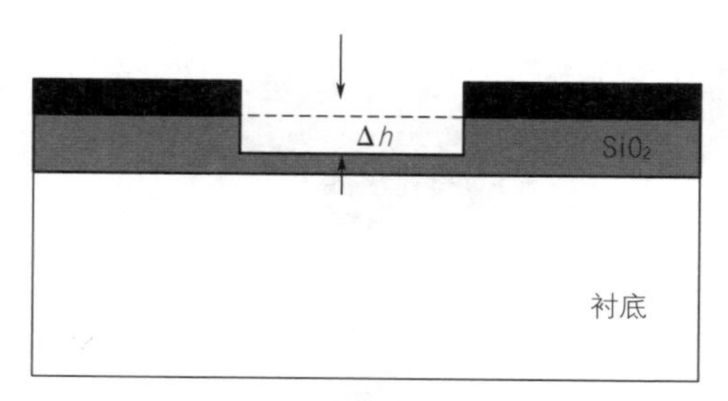

图 9-9　刻蚀速率示意图

刻蚀速率由工艺和设备变量决定，如被刻蚀材料类型、刻蚀机的结构配置、使用的刻蚀气体和工艺参数设置等。刻蚀速率用下式来计算

$$刻蚀速率=\Delta h/t \tag{9-8}$$

式中，Δh 为去掉的材料厚度，Å 或 μm；t 为刻蚀所用的时间，min。

刻蚀速率通常正比于刻蚀剂的浓度。硅片表面几何形状等因素都能影响硅片与硅片之间的刻蚀速率。要刻蚀硅片表面的大面积区域，则会耗尽刻蚀剂使刻蚀速率慢下来；如果刻蚀的面积比较小，则刻蚀就会快些，这称为负载效应。刻蚀速率的减小是由于在等离子体刻蚀反应过程中会消耗大部分的气相刻蚀剂。由负载效应带来的刻蚀速率的变化是使有效的终点检测变得非常重要的最主要原因。影响刻蚀速率的主要因素包括：离子能量和入射角、气体成分、气体流速和其他影响因素等。

（2）选择比

刻蚀选择比（如图 9-10 所示）是指在同一刻蚀条件下一种材料与另一种材料相比刻蚀速率快多少，它定义为被刻蚀材料的刻蚀速率与另一种材料的刻蚀速率的比。高的选择比意味着只刻蚀想要刻去的那一层材料。

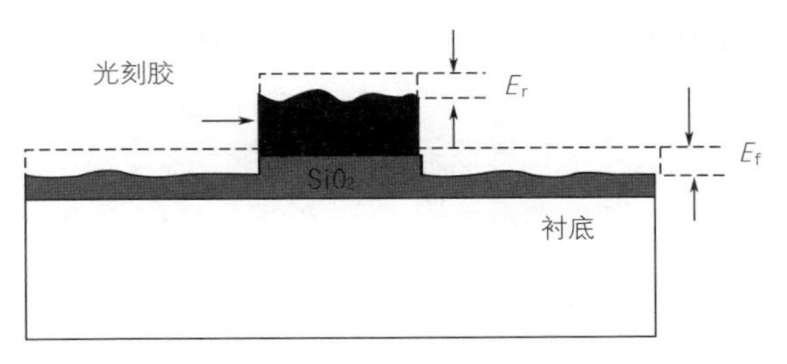

图 9-10　刻蚀选择比

被刻蚀材料和掩蔽层材料（如光刻胶）的选择比 S_R 可以通过下式计算

$$S_R=E_f/E_r \tag{9-9}$$

式中，E_f 为被刻蚀材料的刻蚀速率；E_r 为掩蔽层材料的刻蚀速率（如光刻胶）。

（3）均匀性

刻蚀均匀性是一种衡量刻蚀工艺在整个硅片上，或整个一批，或批与批之间刻蚀能力的参数。均匀性与选择比有密切的关系，因为非均匀性刻蚀会产生额外的过刻蚀。保持均匀性是保证制造性能一致的关键。难点在于刻蚀工艺必须在刻蚀具有不同图形密度的硅片时保证均匀性，如图形密的区域、大的图形间隔和高深宽比图形，如图 9-11 所示。

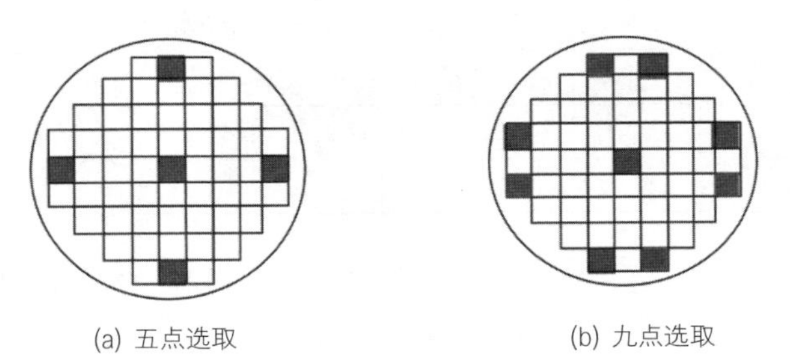

图 9-11　均匀性示意图

（4）侧壁聚合物

刻蚀过程中主要的污染包括残留物、聚合物及颗粒沾污。

残留物是刻蚀以后留在硅片表面不想要的材料。

聚合物的形成有时是有意的，是为了在刻蚀图形的侧壁上形成抗腐蚀膜，从而防止横向刻蚀，形成高的各向异性图形。这些聚合物必须在刻蚀完成后去除，否则器件的成品率和可靠性都会受到影响。等离子体产生的颗粒沾污会给硅片带来损伤，重金属沾污在接触孔上会造成漏电。

9.3.2 典型材料的干法刻蚀

典型的集成电路工艺中，各种材料基本都可以采用干法刻蚀进行处理，不同的材料采用的刻蚀剂不同，具体如表 9-2 所示。

表 9-2 不同材料的常用干法刻蚀剂

被刻蚀材料	刻蚀剂
硅深沟槽	$HBr/NF_3/O_2/SF_6$
硅浅沟槽	$HBr/Cl_2/O_2$
多晶硅	$HBr/Cl_2/O_2$，HBr/O_2，BCl_3/Cl_2，SF_6
Al	BCl_3/Cl_2，$SiCl_4/Cl_2$，HBr/Cl_2
AlSiCu	$BCl_3/Cl_2/N_2$
W	SF_6，NF_3/Cl_2
TiW	SF_6
WSi_2，$TiSi_2$，$CoSi_2$	CF_4/Cl_2，CF_2Cl_2/NF_3，$Cl_2/N_2/C_2F_6$
Si_3N_4	CHF_3/O_2，CH_2F_2，CH_2CHF
SiO_2	$CF_4/CHF_3/Ar$，C_2F_6，CH_2F_2，C_5F_8
GaAs	BCl_3/Ar

在 MOSFET 器件的制备中，需要严格地控制栅极的宽度，因为它决定了 MOSFET 器件的沟道长度，进而与器件的特性息息相关。刻蚀多晶硅时，必须准确地将掩模上的尺寸转移到多晶硅上。除此之外，刻蚀后的轮廓也很重要，如多晶硅刻蚀后栅极侧壁有倾斜时，将会屏蔽后续工艺中源极和漏极的离子注入，造成杂质分布不均，沟道的长度会随栅极倾斜的程度而改变。

第10章

外延

10.1 概述
10.2 气相外延工艺
10.3 分子束外延
10.4 其他外延方法

外延是一种生长晶体薄膜的工艺技术。外延硅片是重要的微电子芯片衬底材料，双极型晶体管和双极型集成电路都是在外延硅片的外延层上制作的。气相外延是最主要的硅外延工艺,分子束外延是一种先进的外延工艺。

10.1 概述

10.1.1 外延概念

“外延”一词来自希腊文 Epitaxy，是指“在……上排列”。在集成电路制造技术中外延是指在晶体衬底上，用化学的或物理的方法，规则地再排列所需的半导体晶体材料。新排列的晶体称为外延层，有外延层的硅片称为外延硅片。外延工艺要求衬底必须是晶体，而新排列得到的外延层是沿着衬底后向生长的，因此与衬底成键，晶向也一致。

早在 20 世纪 60 年代初期，就出现了硅外延工艺，历经半个多世纪的发展，其内容及概念已扩展了许多：外延衬底除了硅以外，还有化合物半导体或绝缘体材料；外延层除了硅以外，还有半导体合金、化合物等；外延方法除了气相外延以外，还有液相外延、固相外延及分子束外延等。外延工艺已成为集成电路工艺的一个重要组成部分，它的进步推动了微电子芯片产品的发展，一方面提高了分立器件与集成电路的性能，另一方面增加了它们制作工艺的灵巧性。

外延工艺诞生之初，所制备的硅外延片是用来制作双极型晶体管的，衬底为高掺杂硅单晶，在衬底上外延生长几到十几微米厚的低掺杂的外延层，晶体管就制作在外延层上，这样制作的外延晶体管有高的集电结击穿电压，低的集电结串联电阻，性能优良。使用外延硅片制作晶体管，巧妙地解决了提高频率和增大功率对变电区电阻率要求上的矛盾。如图 10-1 所示为在硅衬底上的硅外延。

在单晶硅衬底上外延硅，尽管外延层同衬底晶向相同，但是，外延生长时掺入杂质的类型、浓度都可以与衬底不同。在高掺杂衬底上能外延低掺杂外延层。在 n 型衬底上能外延 p 型外延层，还可以通过外延直接得到 pn 结。而且，生长的外延与厚度也是可调的，可以通过多次外延得到多层不同掺杂类型、不同杂质含量、不同厚度，甚至不同杂质材料的结构复杂的外延层。

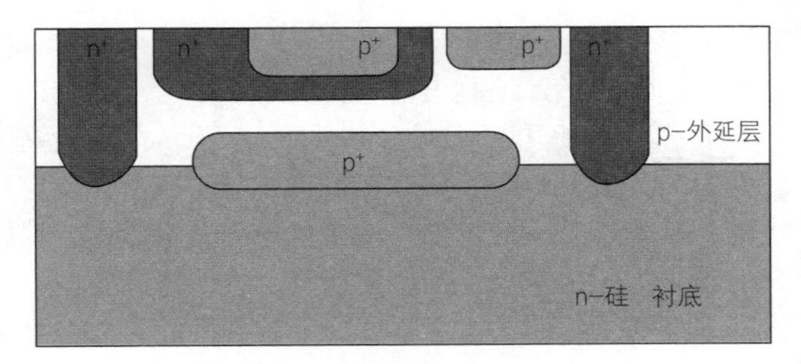

图 10–1 硅外延在器件中的应用

在 CMOS 电路中，完整的器件是做在一层很薄的（2 ~ 4μm）轻掺杂 p 型（在某些情况下是本征的）外延层上。将 CMOS 电路制作在外延层上相比制作在体硅抛光片上有以下优点：①避免了闩锁效应；②避免了硅表面层中硅氧化物的沉积；③硅表面更光滑，损伤更小。CMOS 电路中的寄生闩锁效应会使电源和地之间增加一个低电阻通路，造成很大的漏电流，漏电流可能导致电路停止工作。虽然很多工艺和设计技术都能够减小闩锁效应，但是采用硅外延片的效果更好，这已成为超大规模集成电路中 CMOS 微处理器电路的标准工艺。

10.1.2 外延工艺种类

外延工艺种类繁多，可以按照工艺方法、外延层 / 衬底材料、工艺温度、外延层 / 衬底电阻率、外延层结构、外延层导电类型、外延层厚度等进行分类。

（1）按工艺方法分类

外延工艺主要有气相外延、液相外延、固相外延和分子束外延。其中气相外延最为成熟，易于控制外延层厚度、杂质浓度和晶格的完整性，在硅外延工艺中一直占据着主导地位。而分子束外延出现得较晚，技术先进，生长的外延层质量好，但是生产效率低、费用高，只有在生长的外延层薄、层数多或结构复杂时才被采用。

（2）按外延层 / 衬底材料分类

按照外延层 / 衬底材料的异同，可以将外延工艺划分为同质外延和异质外延。其晶格结构如图 10–2 所示。

同质外延又称为均匀外延，是外延层与衬底材料相同的外延。异质外延也称为非均匀外延，外延层与衬底材料不相同，甚至物理结构也与衬底完全不同。在蓝宝石（Al_2O_3）或尖晶石（$MgAl_2O_4$）晶体上生长硅单晶，就是异质外延，这种外延也被称为 SOS 技术，是应用最多的异质外延技术。在异质外延中，若衬底材料与外延层材料的晶格常数相差很大，在外延层 / 衬底界面上就会出现应力，从而产生位错等缺陷。这些缺陷会从界面向上延伸，甚至延伸到外延层表面，影响到制作在外延层上器件的性能。

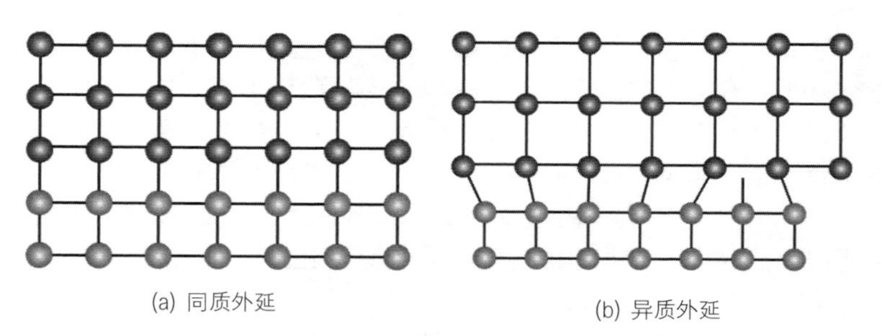

(a) 同质外延　　(b) 异质外延

图 10-2　同质外延和异质外延的晶格匹配情况

由图 10-2 可知，对于 B/A（外延层 / 衬底）型的异质外延，在衬底 A 上能否外延生长外延层 B，外延层 B 晶格能否完好，都受衬底 A 与外延层 B 的兼容性影响。衬底与外延层的兼容性主要表现在以下 3 个方面。

其一，衬底 A 与外延层 B 两种材料在外延温度下不发生化学反应，不发生大剂量的互溶现象，即 A 和 B 的化学特性兼容。

其二，衬底 A 与外延层 B 的热力学参数相匹配，这是指两种材料的热胀系数接近，以避免生长的外延层由生长温度冷却至室温时，因热胀产生残余应力，在 B/A 界面出现大量位错。当 A、B 两种材料的热力学参数不匹配时，可能会发生外延层龟裂现象。

其三，衬底与外延层的晶格参数相匹配，这是指两种材料的晶体结构、晶格常数接近，以避免晶格结构及参数的不匹配引起 B/A 界面附近晶格缺陷多和应力大的现象。

（3）按工艺温度分类

外延若按工艺温度来分类，可以划分为高温外延、低温外延和变温外延。

高温外延是指外延工艺温度在 1000℃以上的外延；低温外延是指外延工艺温度在 1000℃以下的外延；变温外延是指先在低温（1000℃以下）成核，然后再升至高温（1000℃以上，多在 1200℃）进行外延生长的工艺方法。

（4）按外延层 / 衬底电阻率分类

将外延层电阻率和衬底电阻率对比，可以将外延工艺划分为正外延和反外延。

正外延是指低阻衬底上外延生长高阻层，器件做在高阻的外延层上；反外延是指高阻衬底上外延生长低阻层，而器件做在高阻的衬底上。

10.2 气相外延工艺

气相外延（Vapor Phase Epitaxy，VPE）是指含外延层材料的物质以气相形式流向衬底，在衬底上发生化学反应，生长出和衬底晶向相同的外延层的外延工艺。

硅的外延通常是采用气相外延工艺，在低阻硅衬底上外延生长高阻硅，得到 n−/n+−Si、p−/p+−Si、n−/p+−Si 等外延片。

氢气还原四氯化硅（$SiCl_4$）是典型的硅外延工艺，总化学反应方程式为：

$$SiCl_4+2H_2 \xrightarrow{\triangle} Si+4HCl \quad (10-1)$$

硅的气相外延设备示意图如图 10-3 所示。反应器内为常压，作为外延衬底的硅片放置在基座上，衬底加热是采用射频加热器，RF 线圈只对基座（感应器）加热。四氯化硅在常温下是液态，将其装在源瓶中，用氢气携带进入反应器。

硅外延工艺操作分两个步骤进行。首先是准备阶段，准备硅基片和进行基座去硅处理；然后再进行硅的外延生长。

硅基片准备是选择适合的硅片作为外延衬底，然后进行彻底的化学清洗，再用氢氟酸腐蚀液腐蚀，去除硅表面自然生长的氧化层，用高纯去离子水漂洗干净，最后甩干（或用高纯氮气吹干）备用。

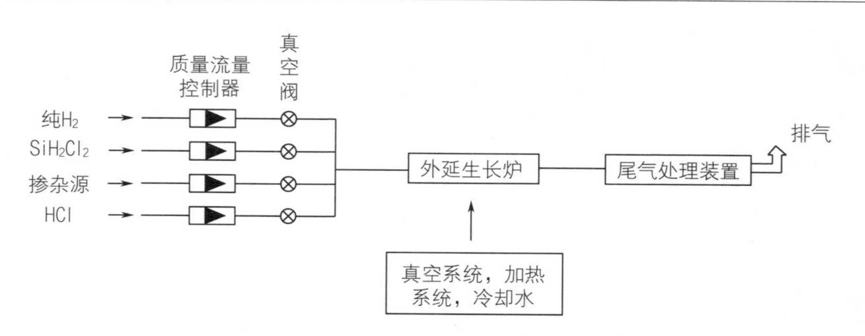

图 10-3　硅的气相外延设备示意图

基座去硅的主要目的是去除前次外延过程中附着在基座上的硅，以及在反应器内壁上附着的硅和其他杂质。硅的气相外延生长流程图如图 10-4 所示。

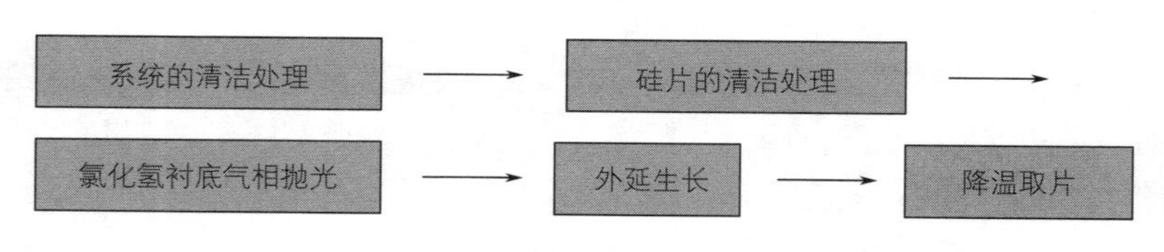

图 10-4　硅的气相外延生长流程图

图 10-4 的工艺流程中，氯化氢衬底气相抛光的目的在于，进一步去除硅片表面的损伤和自然氧化层，使外延在新鲜面完整的硅片上进行。

掺杂剂一般选用含掺杂元素的烷类气态化合物，如磷烷（PH_3）、乙硼烷（B_2H_6）、砷烷（AsH_3）等。掺杂剂也是稀释后按所需剂量通入反应器。一般用氢气（或氮气）稀释至 10 ~ 50 倍后再通入反应器。因为杂质掺入剂量很小，掺杂剂气体很难精确控制在很小的流量，所以必须通过稀释才能保证通入杂质气体剂量的精确度。

10.2.1　外延原理

在外延生长过程中，外延气体进入反应器，气体中的外延剂气相输运到达衬底，在高温衬底上发生化学反应，生成的外延物质沿着衬底晶向规则地排列，生长出外延层。因此，气相外延是由外延气体的气相质量传递和表面外延两个过程完成的。

（1）气相质量传递过程

外延气体被送入反应器，其中硅源气相输运到达衬底表面，这一过程是硅源的气相质量传递过程。基于流体动力学原理来分析硅源的气相质量传递过程。

外延反应室的气体压力通常是常压或低压，一般在常压至133.3Pa范围内，在此范围气体分子的平均自由程远小于反应室的几何尺寸，因此气体是有黏滞性的。分子自由程是指一个分子与其他分子相继两次碰撞之间经过的直线路程。对于单个分子而言，自由程时长时短，但大量气体分子的自由程具有确定的统计规律，分子平均自由程表示为：

$$\lambda=\frac{kT}{\sqrt{2}\pi r^2 p} \tag{10-2}$$

式中，k 为玻耳兹曼常数；T 为热力学温度；r 为反应室流体力学直径，一般为几十厘米；p 为气体压力。

外延气体在反应室内的流动是通过控制进/出口气体的压差来实现的。为了确保外延生长环境的稳定，应使气体处于层流状态。在流体力学中雷诺（Reynolds）数 Re 是气体流动状态的判据，它是一个无量纲数。

外延气体在反应室中处于层流状态。压力驱使层流状态黏滞性气体的流动表现为泊松流（Poisson Flow），泊松流沿着垂直气流方向，气体的流速呈抛物线型变化，基座表面及反应室壁面的气体，由于受到摩擦力作用流速为零。

所以，外延气体在反应器中流动是从进气端匀速流入，在垂直气流方向以完全展开的抛物线型流速流出。气体中的外延剂 SiH_4，在基座上硅表面分解消耗掉，生长出硅外延层，故基座表面浓度最低；而沿着气流方向 SiH_4 的浓度也逐渐降低，即进气端最高、出气端最低。基座上方气体的温度分布正好相反，基座表面温度最高，离开基座表面垂直于气流方向迅速降低；而沿着气流方向温度将略有升高。这时，在基座表面形成边界层，边界层是指基座表面垂直于气流方向上，气流速度、外延剂浓度、温度受到扰动的薄气体层。图10-5所示是基座表面气流边界层形成示意图。

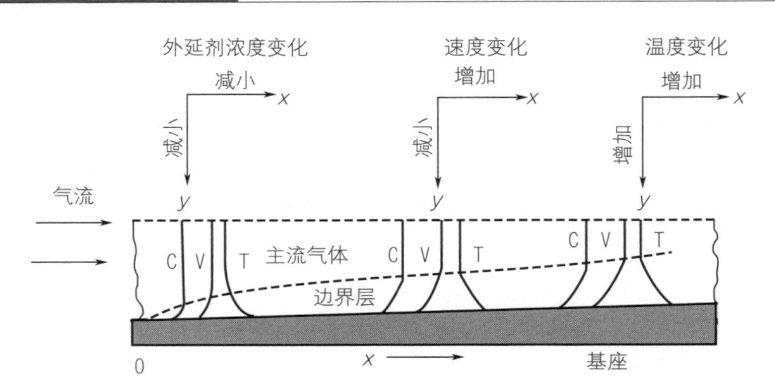

图 10-5　基座表面气流边界层形成示意图

沿着气流方向随着外延剂的消耗，主气流区 SiH_4 浓度下降，使得到达衬底表面的流密度减小，这将直接影响生长的外延层厚度的均匀性。为了使到达衬底表面的外延剂流密度不变，可以沿气流方向逐渐减小气流通道的截面积，故将基座表面做成斜坡状，与气流方向呈一定角度 α，如图 10-6 所示，α 角一般为 3° ~ 10°。气流通道截面积的减小使得气流速度增大，边界层厚度变薄，这样就能维持外延层生长速度不变。

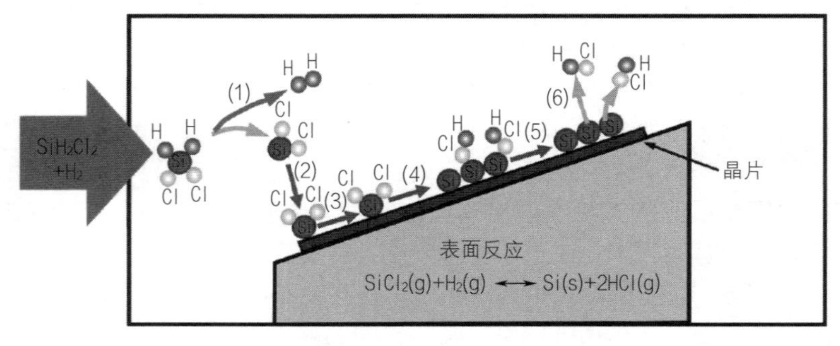

图 10-6　硅外延生长过程

（2）表面外延过程

表面外延过程示意图如图 10-6 所示。气相质量传递到达衬底表面的反应物分子被衬底吸附，见图中的（1）位置；由于衬底温度高，使得衬底吸附的反应物分解成为1个Si原子和2个H原子和2个Cl原子，见图中的（2）位置；生成的$SiCl_2$与H_2发生反应，生成Si。分解出的Si原子从衬底获得能量，在衬底表面迁移，Si迁移到达能量较低的角落，见图中的（3）和（4）位置；最终，Si迁移到达衬底的低能量突出部位——结点位置暂时固定，见图中的（5）位置。在结点位置Si原子与衬底有3个面接触，可以形成两个Si—Si共价键，当被继续吸附分解迁移来的其他Si原子覆盖住时，就成为外延层中的一个Si原子。而反应的副产物HCl气体分子，从衬底表面解吸离开，见图中的（6）。

表面外延过程实质上主要包含了吸附、分解、迁移、解吸这几个环节。

外延过程中，衬底基座的高温可以保证被衬底吸附的外延剂的化学反应在衬底表面进行，且生成的硅原子可以从高温衬底获取能量快速迁移扩散，并规则地排列成与衬底晶向一致的外延层，而生成物气体也易于从高温衬底上解吸离开。

常压外延采用的反应器都是只对基座加温的冷壁式反应器，这也是为了使外延剂分子不会在输运过程中因反应室温度过高而发生化学反应，从而避免气相反应生成的硅原子快速地沉积在衬底上，无规则地生长成非晶或多晶硅膜。

10.2.2 外延的影响因素

影响因素包括：外延温度、硅源种类、外延剂浓度、其他因素。

（1）温度对外延生长速率的影响

外延生长过程中，吸附、迁移和解吸这几个环节均与衬底温度有关。衬底对外延剂的吸附和气态生成物的解吸过程一般都很快。表面迁移运动需要在高温下进行。在温度较低时，难以实现外延原子的规则排列，外延层晶格完整性差，甚至可能生成多晶或非晶层。所以表面外延过程必须在高温下进行。因此，由化学反应环节来看，表面外延生长速率是温度的快变化函数，且温度除了对外延生长速率影响很大之外，还直接影响生长的外延层的质量。

总之，温度对外延生长影响较大。温度较低时，相对于气相质量传递而言表面外延反应速率较慢，所以外延生长速率主要受表面外延反应过程控制；温度较高时，相对于表面外延反应而言气相质量传递速率较慢，所以外延生长速率主要受气相质量传递过程控制。

图 10-7 所示是实测得到的不同硅源外延生长速率与温度的关系曲线。在低温区域（A 区）温度对外延生长速率影响大，温度的微小变化都会对生长速率产生很大的影响，A 区也称为表面外延控制区，实际外延工艺一般不将温度控制在此区域。在高温区域（B 区）外延生长速率随温度变化小，在此区域温度的微小变化不会对生长速率产生大的影响，B 区也称为质量传递控制区，实际外延工艺一般都是将温度控制在此区域。在 A 区与 B 区之间是生长速率的转折区域。

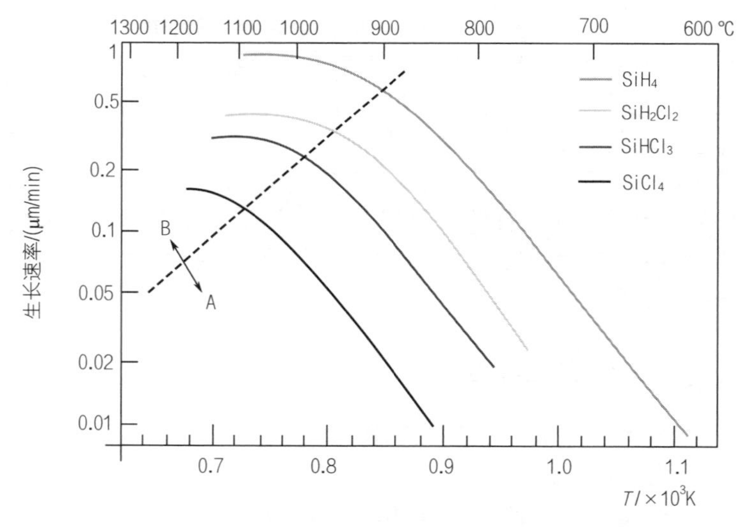

图 10-7 不同硅源外延生长速率与温度的关系曲线

（2）硅源对外延生长速率的影响

外延气体有含氯的 Si-Cl-H 体系和无氯的 Si-H 体系两类。Si-Cl-H 体系采用得早，目前还在使用，有 $SiCl_4$、SiH_2Cl_2、$SiHCl_3$；Si-H 体系有 SiH_4 和新出现的二硅烷（Si_2H_6）。

由图 10-7 可知，硅源不同，外延温度也不同。由外延生长速率曲线可以得出按外延温度由高到低排序的硅源为 $SiCl_4$>$SiHCl_3$>SiH_2Cl_2>SiH_4，而外延生长速率相反。

在 Si-Cl-H 体系中，所有硅源都是用 H_2 作为还原剂，化学反应激活能越高，外延温度也就越高。$SiCl_4$ 的外延温度最高，在 1170℃左右。$SiCl_4$ 也是采用最早、应用最广、研究最为充分的硅源。因外延温度太高，目前，只有在生长较厚的外延层时才采用 $SiCl_4$。

（3）外延剂浓度对外延生长速率的影响

外延气体中硅源浓度越高，质量传递到达衬底表面的外延剂也就越多，表面外延过程也就越快，外延生长速率理所当然地就提高了。但实际上并不是外延剂浓度高外延生长速率就一定高。

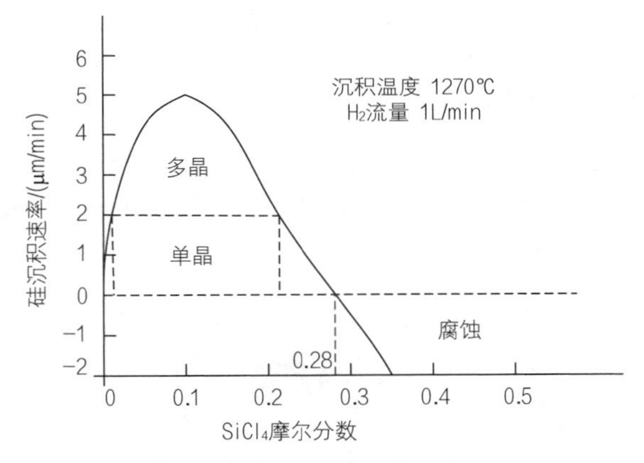

图 10-8　外延剂浓度对生长速率的影响

图 10-8 所示是硅源为 $SiCl_4$ 时，实测得到 $SiCl_4$ 在 H_2 中的摩尔浓度与外延生长速率的关系曲线。当 $SiCl_4$ 浓度很低时，增加其浓度，则质量传递到达衬底表面的 $SiCl_4$ 增多，表面外延过程加快，外延生长速率也就提高了；而后再继续增加 $SiCl_4$ 浓度，尽管生长速率继续提高，但表面外延过程中化学反应释放硅原子速度大于硅原子在衬底表面的排列速度，这样生长的是多晶硅，此时硅原子在衬底表面的排列速度控制着外延生长速率；进一步增大浓度时，生长速率反而开始减小，这是由于 $SiCl_4$ 的 H_2 还原反应是可逆的；当 H_2 中 $SiCl_4$ 摩尔分数增至大于 0.28

时，只存在 Si 的腐蚀反应。因此，采用 $SiCl_4$ 为硅源时，通常控制其在对衬底无腐蚀的低浓度区，外延生长速率大约为 1μm/min。

（4）对外延生长速率有影响的其他因素

气相质量传递过程的快慢还和外延反应器结构类型、气体流速（流量）等因素有关；而表面外延过程还和硅衬底晶向有关，硅衬底晶向对外延生长速率也有一定的影响。因此，影响外延生长速率的因素除了外延温度、硅源种类和外延剂浓度之外，主要还有外延反应器结构类型、气体流速、衬底晶向等。

衬底晶向对外延生长速率的影响是因为不同晶面硅的共价键密度不同，成键能力就存在差别。例如，（111）晶面是双层密排面，两层双层密排面之间共价键密度低，成键能力差，外延生长速率就慢，而（110）晶面之间的共价键密度大，成键能力强，外延生长速率就相对较快。

10.2.3 外延掺杂

气相外延工艺中的掺杂是直接将含有所需杂质元素的气体掺杂剂，按照所需剂量，和硅源外延剂气体一起通入反应器内，掺杂剂气体也和外延剂气体一样扩散穿越边界层到达衬底，并在衬底上发生分解，替代硅原子排列在衬底上。

因掺杂剂和外延剂的热力学性质不同，掺杂使外延生长过程变得更为复杂。杂质掺杂效率不仅依赖于外延温度、生长速率、气流中掺杂剂的摩尔分数、反应室的几何形状等因素，还依赖于掺杂剂自身的特性。常用的掺杂剂多为含杂质元素的烷类，如 PH_3、B_2H_6、AsH_3 等。

图 10-9 所示是几种掺杂剂的掺杂效率与生长温度之间的关系。

由图 10-9 可知，硅的生长速率一定时，硼的掺入剂量随生长温度上升而增加，而磷和砷的掺入剂量却随温度上升而降低。

另外，还有迹象表明，影响掺杂效率的因素还有衬底的取向和外延层结晶质量。掺杂剂和硅之间的表面竞争反应，对外延层生长速率也会产生一定的影响。

硅的气相外延是在单晶衬底上生长硅单晶，外延衬底通常并不是本征硅，而是掺杂硅。而气相外延又是高温工艺，在外延层生长过程中衬底和外延层之间存在杂质交换现象即出现杂质的再分布现象，外延层和

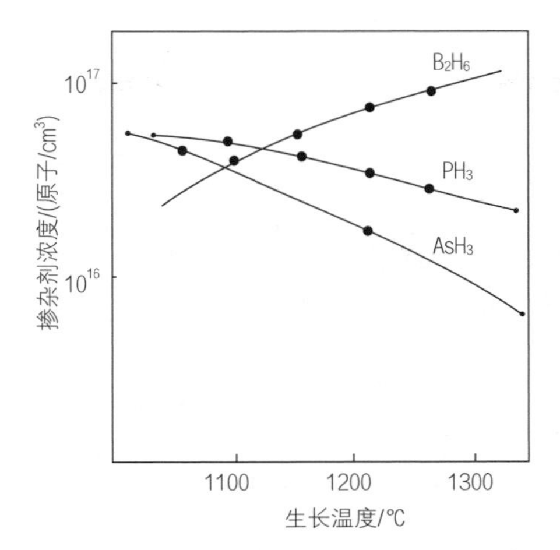

图 10-9 几种掺杂剂的掺杂效率与生长温度之间的关系

衬底的杂质浓度及分布都与预期的理想情况有所不同。杂质再分布是由自掺杂效应和互扩散效应两种现象引起的。

（1）自掺杂效应

自掺杂（Autodoping）效应是指高温外延时，高掺杂衬底的杂质反扩散进入气相边界层，又从边界层扩散掺入外延层的现象。这不仅会改变外延层和衬底杂质浓度及分布，对于 p/n 或 n/p 硅外延，还会改变 pn 结位置。自掺杂效应是气相外延的本征效应，不可能完全避免。

（2）互扩散效应

互扩散（Outdiffusion）效应也称为外扩散效应，是指高温外延时，衬底与外延层的杂质互相向浓度低的一方扩散的现象。同样，互扩散效应不仅会改变衬底和外延层的杂质浓度及分布，当外延层 / 衬底的杂质类型不同时（如 p/n 或 n/p 硅外延），还会改变 pn 结位置。

互扩散效应是因外延温度过高带来的杂质再扩散现象，和自掺杂效应不同，它不是本征效应，而是杂质的固相扩散带来的。如果外延温度降低，衬底和外延层中杂质的相互扩散现象就会减轻，甚至完全消失。

实际气相外延工艺中两种杂质再分布现象是同时存在的，所以实际杂质分布是两种杂质再分布效应的综合效果。图 10-10 给出了气相外延杂质再分布曲线综合效果示意图。由图 10-10 可知，气相外延工艺

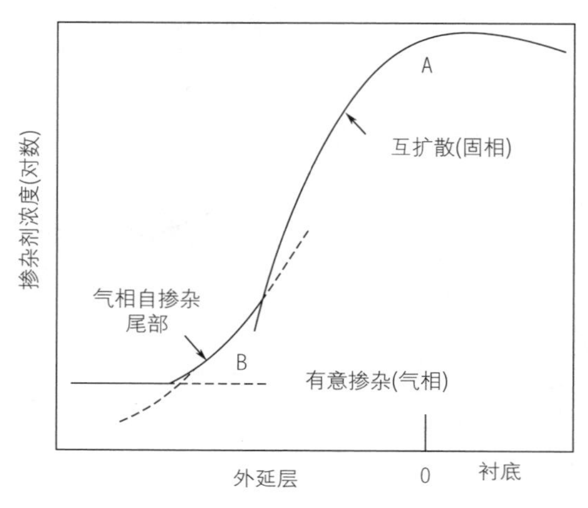

图 10-10　气相外延的杂质再分布现象

在外延层 / 衬底的界面附近杂质浓度分布和理想情况差距较大，难以获得界面杂质浓度陡变的外延层，因此适合用于制备较厚的外延层。

杂质再分布现象使得气相外延工艺难以获得理想陡变的杂质分布外延层，限制了该工艺在薄外延层生长方面的应用。因此，减小进而消除杂质再分布现象一直是气相外延工艺的一个重要研究内容。目前可以采取以下措施来减小杂质再分布效应的影响。

① 在保证外延质量和速度的前提下，尽量降低气相外延生长温度。但是，对于杂质砷来说效果不显著，因为砷的自掺杂程度随着外延温度的降低而增强。

② 对于 n 型衬底，如果在外延之前需要进行埋层掺杂应采用蒸气压低且扩散速率也低的杂质作为埋层杂质，如通常使用锑作为埋层杂质，而不使用蒸气压高的砷和扩散速率较高的磷。

③ 对于重掺杂的衬底，可以使用轻掺杂的硅薄层来密封重掺杂衬底的底面和侧面，进而减少杂质的外逸，使自掺杂程度降低。

④ 进行低压外延，这对抑制自掺杂效应有利，在低压下衬底表面的边界层变薄，衬底外逸的大部分杂质就可以很快扩散穿越边界层进入主气流区，被主流气体带离反应器。这种方法对砷和磷的抑制效果显著，而对硼的作用不明显。

10.2.4　外延技术

基于不同的工艺需求，随着气相外延工艺的发展出现了多样化的外延技术。为了减小自掺杂效应，出现了低压外延工艺。为了实现只在衬底的特定区域生长外延层，出现了硅的选择外延技术。还有异质外延中的 SOI 技术等多种工艺技术。

（1）低压外延

低压外延（Low-Pressure Epitaxy）是指对外延反应器抽真空，控制反应室内外延气体压力在 1 ~ 20kPa 之间的外延工艺。

当反应室内气体压力降低时，一方面在低压下气体分子密度降低，分子平均自由程将增大，杂质气相扩散速度也就加快，杂质穿越边界层进入主气流区所需时间就大大缩短；另一方面，气体密度降低，气流边界层厚度增加，这将延长由衬底逸出的杂质穿越边界层所需要的时间。从综合效果看，杂质气相扩散速度加快的影响占主要地位。虽然两种效应同时对杂质穿越边界层的时间产生影响，但其中扩散速度增大的影响是主要的，实际上杂质穿越边界层的时间是减少了一个数量级。

低压外延可以得到在外延层 / 衬底界面杂质分布陡变的外延层。而且，由于反应室处于低压状态，当外延停止时，反应室内残存的反应气体能够很快地被清除掉，缩小了多层外延各层之间的过渡区。因此，低压外延还可以改善多层外延时各外延层内杂质的均匀性，得到电阻率分布较均匀的多层外延层。

（2）选择外延

选择外延（Selective Epitaxial Growth，SEG）是指在衬底表面的特定区域生长外延层，而其他区域不生长外延层的外延工艺。选择外延最早是用来改进集成电路各元件之间的隔离的方法，为了利于接触孔的平坦化，以及许多重要元件要求在特定区域进行外延而发展起来。

硅的选择外延技术需要氧化物表面具有高清洁度且外延气体中应含有一定剂量的氯原子（或氯化氢气体分子）。氯原子的存在能提高硅原子的活性，可以抑制硅原子在气相和二氧化硅表面的成核。通过调节外延气体中 Si/Cl 的原子比率，可以从非选择性外延生长向选择性外延生长或衬底腐蚀方向变化。若只考虑氯原子，外延气体中的氯源的选择性遵循以下顺序：$SiCl_4$>$SiHCl_3$>SiH_2Cl_2>SiH_4。而选择外延工艺采用的掩蔽膜除了二氧化硅之外，还可以采用氮化硅（Si_3N_4）薄膜。

（3）SOI 技术

SOI（Sion Insulator）是指在绝缘衬底上异质外延硅获得的外延材料。SOI 是优质的器件和集成电路材料。衬底绝缘，制作的电路采用介质隔离，因而具有寄生电容小、速度快、抗辐射能力强等优点，并能抑制 CMOS 电路的闩锁效应。目前，一些高速、高集成度电路就常采用 SOI 作为衬底材料。对于高端耐高温器件或电路，通常也采用 SOI 作为衬底材料。

10.3　分子束外延

分子束外延（Molecular Beam Epitaxy，MBE）是一种物理气相外延工艺，多用于外延层薄杂质分布复杂的多层硅外延，也用于Ⅲ−V 族、Ⅱ−VI 族化合物半导体及合金，多种金属和氧化物单晶薄膜的外延生长。

分子束外延设备示意图如图 10−11 所示。分子束外延是在超高真空条件下，由装有各种所需组分源的喷射炉对各组分源加热，产生的源蒸气经小孔准直后形成分子束或原子束，直接喷射到适当温度的单晶衬底上，同时控制分子束对衬底扫描，使分子或原子按衬底晶向排列，在衬底上一层一层地“生长”形成外延层。外延物质是原子的又称为原子束外延。

分子束外延最早由 G.Gunther 提出，20 世纪 60 年代后期，开始用于外延 GaAs 薄膜，到 1977 年以后，分子束外延开始用于制备其他技术所不能生长的新材料或复杂结构的外延薄膜，直到 20 世纪 80 年代初期它才被用于外延硅。目前，在微电子工艺中，硅的同质外延只有当外延层很薄或杂质分布结构复杂时才考虑采用分子束外延。

MBE 是一种超高真空蒸发技术，之所以要求生长室为超高真空是为了避免气体分子进入外延层，从而生长出高质量的外延层。一方面，基压为超高真空度，生长室中的残余气体分子浓度极低，避免了气体分子撞击衬底，掺入外延层或与衬底发生反应；另一方面，在外延生长时，室内的真空度超过 10^4Pa，这时分子的平均自由程约为 10^{-6}cm，硅束流将直接入射到达衬底，避免了束流被散射或携带生长室气体进入外延层。

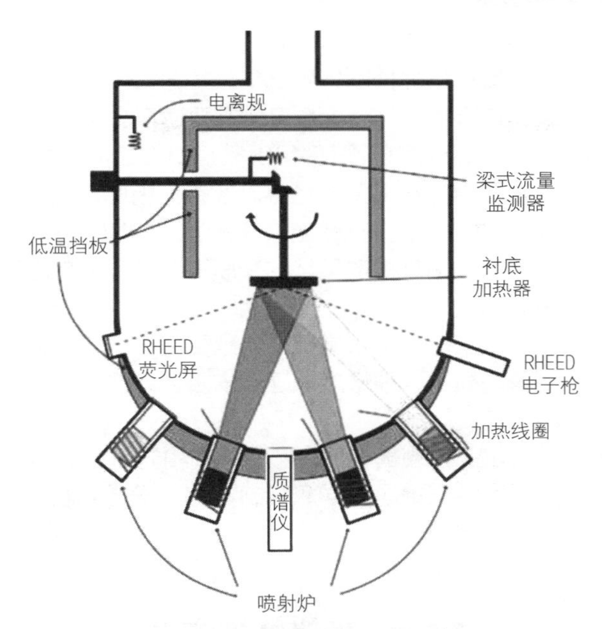

图10-11 分子束外延设备示意图

分子束外延设备复杂，是一种高精密设备。随着技术的进步，MBE设备不断更新换代，出现了多种类型，但其主要都是由生长室、喷射炉、监控系统、衬底装填系统、真空系统、装片系统及控制系统组成。如图10-12所示是MBE设备。

MBE是由喷射炉将外延分子（或原子）直接喷射到衬底表面进行外延的，用快门可迅速地控制外延生长的开始或停止，因此，由外延工艺可以精确地控制外延层的厚度，能生长极薄的外延层，厚度可以薄至埃（Å）量级。

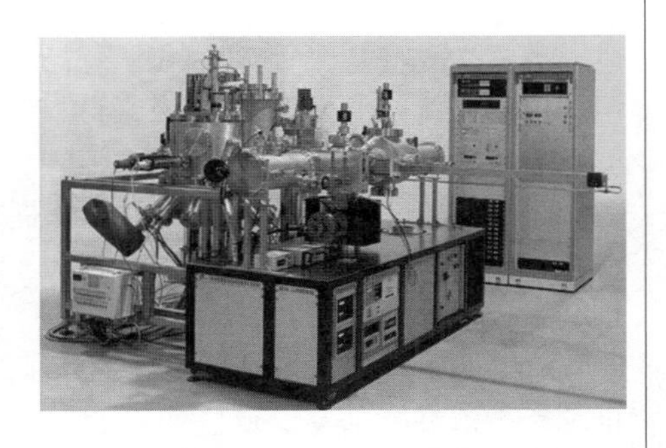

图10-12 MBE设备图

在外延生长室有多个喷射炉，可同时喷射不同的分子（或原子）束，外延层组分和掺杂剂可以随着炉源种类和束流通量的变化而迅速调整。因此，能精确地控制外延层材料组分和杂质分布，生长出多层杂质结构复杂的外延层。外延层数可按需要达任意层数。

常规的 MBE 衬底温度范围在 400 ~ 800℃之间，衬底温度较气相外延低得多，杂质再分布现象通常可以忽略。因此，在外延界面能得到陡变分布的杂质浓度或突变 pn 结。实际上，MBE 也可在更高衬底温度下进行，但温度越高互扩散引起的杂质再分布现象就越严重，因此一般尽量降低衬底温度。

分子束外延设备复杂、价格昂贵，外延工艺生产效率低、成本高。所以尽管它是制备高质量、高精度外延层的工艺方法，但在微电子芯片生产上很少采用。

目前，MBE 工艺主要应用在纳电子领域和光机电领域，广泛应用于纳米超晶格薄膜和纳米单晶光学薄膜制备上，已成为制备纳米单晶薄膜的标准制备工艺。

10.4　其他外延方法

其他常用的外延方法还有液相外延、固相外延，以及金属有机物气相外延等先进外延技术。液相外延和固相外延是物理外延方法，金属有机物气相外延是化学束外延和固相外延相结合的外延方法。

10.4.1　液相外延

液相外延（Liquid Phase Epitaxy，LPE）是利用熔融液的饱和溶解度随温度降低而下降，通过降温使所需外延材料溶质结晶析出在衬底上生长外延层的工艺方法。

LPE 首先由 Nelson 在 1963 年提出，最先是被用于 Ⅲ－Ⅳ族化合物半导体材料的外延，直到 20 世纪 60 年代末出现了以锡或铅为熔剂的硅液相外延技术。

硅的液相外延是采用低熔点金属作为熔剂，常用的熔剂有锡、铋、铅及其合金等。

相对于 VPE 和 MBE 而言，LPE 生长速率较快，安全性高，在制备厚的硅外延层时常被采用。而对于生长非常薄的外延层来说难以实现可控生长，这和生长起始与终结的方式有关。因此薄层外延通常不采用 LPE 工艺。LPE 相对于 VPE 而言工艺温度低，互扩散效应也就不严重，而且没有自掺杂效应，所以杂质再分布现象弱。另外，LPE 的适应性强，相对于 MBE 而言设备简单，工艺成本较低，但外延表面形貌通常不如 MBE 的好。

10.4.2 固相外延

固相外延（Solid Phase Epitaxy，SPE）是将晶体衬底上的非晶（或多晶）薄膜（或区域）在高温下退火，使其转化为单晶。例如，单晶硅片采用离子注入工艺掺杂，当掺杂剂量大或能量高时，杂质注入区域出现非晶化，这时通过高温退火，如在 950℃保温 30min，使非晶区域固相外延转化为单晶。

SPE 工艺常常和其他薄膜制备工艺联合使用来生长外延层。金属有机物气相外延就是先在外延衬底上采用薄膜沉积方法生长多晶或非晶薄膜，然后通过固相外延将多晶或非晶薄膜转化为单晶外延层的工艺技术。

SPE 工艺的关键是工艺温度和保温时间。外延前固体晶化程度不同，外延温度和时间也不同：晶化程度越低，工艺温度越高，保温时间越长。实际上提高工艺温度和延长保温时间，SPE 的外延层晶格就更完整。但长时间高温会带来扩散引起的杂质再分布现象，且长时间高温也增加了工艺成本。因此，在保证 SPE 外延层晶格完整的条件下，应尽量降低工艺温度和缩短工艺时间。

10.4.3 金属有机物气相外延

金属有机物气相外延（Metal Organic Vapor Phase Epitaxy，MOVPE），在多数情况下又称为金属有机物化学气相沉积（MOCVD）。该工艺早在 1968 年就已出现，主要用来制备化合物半导体单晶薄膜。近年来，该工艺技术发展迅速，已用于制备界面杂质陡变分布的异质结、超晶格和选择掺杂等新结构的外延薄膜，MOCVD 已成为制备优质外延层的重要手段。

MOCVD 采用Ⅲ、Ⅱ族元素的有机化合物和Ⅴ、Ⅵ族元素的氢化物作为源材料，以热分解反应在衬底上进行气相外延，生长Ⅲ－Ⅴ族、Ⅱ－Ⅵ族化合物半导体，以及它们的多元固溶体薄膜。典型的 MOCVD 工艺方程为：

$$AsH_3+Ga(CH_3)_3 \longrightarrow GaAs+3CH_4 \qquad (10\text{-}3)$$

MOCVD 工艺日益受到人们的广泛重视，主要是由于它具有下列一些显著的特点：

① 可以通过精确控制各种气体的流量来控制外延层的成分、导电类型、载流子浓度、厚度等特性，可以生长薄到零点几纳米到几纳米的薄层和多层结构。

② 同其他外延工艺相比，可以制备更大面积、更均匀的薄膜。

③ 有机源特有的提纯技术使得 MOCVD 技术比其他半导体材料制备技术获得的材料纯度提高了一个数量级。

④ 晶体的生长速率与Ⅲ族源的供给量成正比，因而改变输运量，就可以大幅度地改变外延生长速率（0.05 ~ 1μm/min）。

⑤ MOCVD 是低压外延生长技术。因为压力较低，提高了生长过程的控制精度，能减少自掺杂；有希望在重掺杂衬底上进行窄过渡层的外延生长，能获得衬底 / 外延层界面杂质分布更陡的外延层；便于生长 InP、GaInAsP 等含 In 组分的化合物外延层。

但是，MOCVD 工艺涉及复杂化学反应，存在使用有毒气体（AsH_3、PH_3）等问题。

10.4.4 化学束外延

化学束外延（Chemical Beam Epitaxy，CBE）是 20 世纪 80 年代中期发展起来的。它综合了 MBE 的超高真空条件下的束流外延可以原位监测及 MOCVD 的气态源等优点。与 CBE 相关的还有气态源分子束外延（GSMBE）和金属有机化合物分子束外延（MOMBE）。它们之间的主要区别是采用的气态源的情况不同。

以Ⅴ族化合物半导体外延生长为例，GSMBE 是用气态的Ⅴ族氢化物（AsH_3、PH_3 等）取代 MBE 的固态 As、P 作源材料，AsH_3、PH_3 等通过高温裂解形成砷、磷分子；MOMBE 则是用Ⅲ族金属有机化合物，如 TEG、TMA（三甲基铝）等作为源材料，它们的气态分子经热分解形成 Ga、Al 等原子；CBE 则是 V 族和 Ⅲ 族源均采用上述的气态源。掺杂源可以用固态，也可以用气态。CBE 的生长过程是 Ⅲ 族金属有机化合物分子射向加热衬底表面、热分解成 Ⅲ 族原子和碳氢分子根，再与经高温裂解后形成和到达衬底的 V 族原子反应，其生长速率取决于衬底温度和 Ⅲ 族金属有机化合物分子的到达速率。

第11章 集成电路工艺与封装

11.1 隔离工艺
11.2 双极型集成电路工艺
11.3 CMOS 电路工艺流程
11.4 芯片封装技术

CMOS 晶体管，即互补 MOSFET，是 1963 年由 Sah 和 Wanlass 首先发明的。在 CMOS 晶体管构成的电路中，一个反相器中同时包含源漏相连的 p 沟和 n 沟 MOSFET。这种电路的最大技术优点是反相器工作时几乎没有静态功耗，特别有利于大规模集成电路的应用。

随着集成电路工艺技术的发展，电路的集成度逐渐提高，低功耗的 CMOS 技术的优越性日益显著，进入 20 世纪 80 年代以后各种能提高 CMOS 集成电路性能的工艺技术相继出现，CMOS 技术逐渐成为集成电路的主流技术。

如图 11-1 所示为典型的双阱 CMOS 反相器的剖视图。

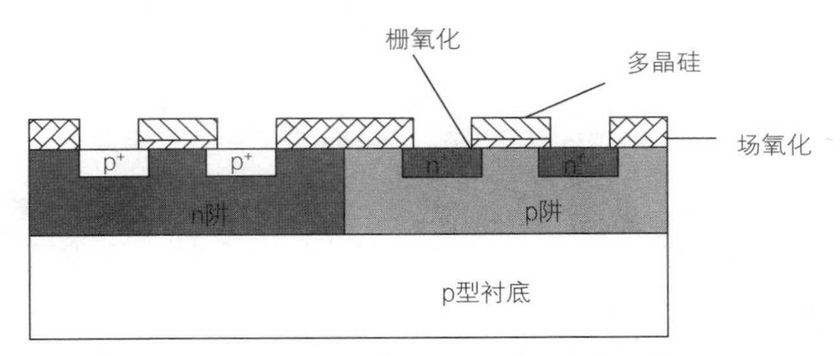

图 11-1　双阱 CMOS 反相器的剖视图

11.1　隔离工艺

在 CMOS 电路的一个反相器中，p 沟和 n 沟 MOSFET 的源漏，都是由同种导电类型的半导体材料构成的，并和衬底（阱）的导电类型不同，因此，MOSFET 本身就是被 pn 结所隔离的，即自隔离。只要维持源 / 衬底 pn 结和漏 / 衬底 pn 结的反偏，MOSFET 便能维持自隔离。而在 pMOS 和 nMOS 元件之间和反相器之间的隔离通常是采用介质隔离。CMOS 电路的介质隔离工艺主要是局部场氧化工艺和浅槽隔离工艺。

（1）局部场氧化工艺

局部场氧化工艺（Local Oxidation Silicon，LOCOS）是通过厚

场氧化层绝缘介质，以及离子注入提高场氧化层下硅表面区域的杂质浓度实现电隔离的。LOCOS 工艺剖视图如图 11-2 所示。

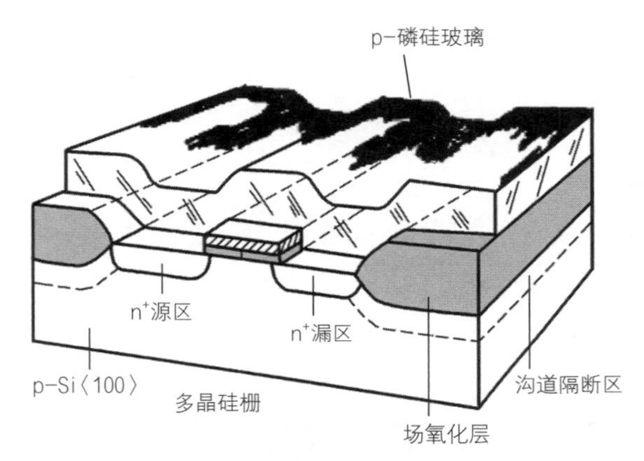

图 11-2　局部场氧化工艺示意图

（2）浅槽隔离工艺

浅槽隔离（Shallow Trench Isolation，STI）是一种全新的 MOS 电路隔离方法，目前已成为 0.25μm 以下集成电路的标准隔离工艺。浅槽隔离工艺流程如图 11-3 所示。

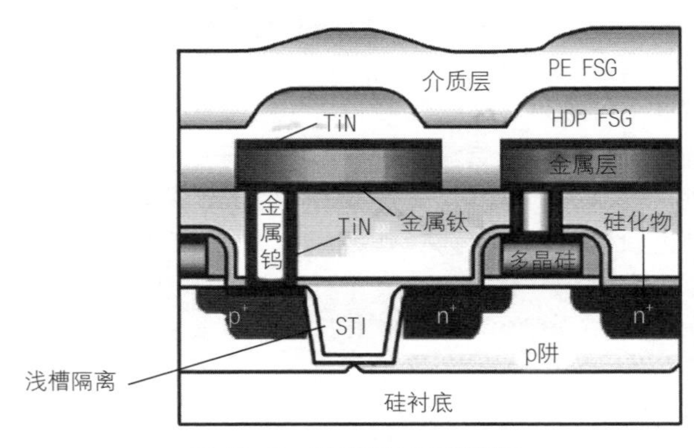

图 11-3　浅槽隔离工艺流程

（3）pn 结隔离

pn 结隔离是利用反向偏压下 pn 结的高阻特性实现隔离的方法。这是最早出现也是常用的一种隔离方法。pn 结隔离的优点是工序简单、成本低；缺点是它的结电容大，高频性能差，存在着较大的 pn 结反向漏电和寄生晶体管效应。

以 npn 电路隔离工艺为例，通常采用轻掺杂的 p 型硅为衬底，掺杂浓度一般在 10^{13}atoms/cm^3 的数量级。掺杂浓度较低，从而可以减小集电结的结电容，并提高收集结的击穿电压。

（4）阱工艺结构

CMOS 电路中包含 pMOS 和 nMOS 两种导电类型不同的器件结构。pMOS 需要 n 型衬底，而 nMOS 需要 p 型衬底。在硅衬底上形成不同掺杂类型的区域称为阱，在图 11-1 中的 nMOS 和 pMOS 分别是在 p 阱和 n 阱中，CMOS 是一种双阱（Twin-well）结构。CMOS 电路除了有双阱类型之外，还有单阱类型的，即在 p 型衬底上的 n 阱和在 n 型衬底上的 p 阱两种类型。

阱一般通过离子注入掺杂，再进行热扩散形成所需分布区域。在同一硅片上形成 n 型阱和 p 型阱，称为双阱。

11.2　双极型集成电路工艺

双极型集成电路（Bipolar Integrated Circuit）是以 npn 或 pnp 型双极型晶体管为基础的集成电路。它是最早出现的集成电路，具有驱动能力强、模拟精度高等优点，一直在模拟电路和功率电路中占据主导地位。但是，双极型集成电路的功耗大，纵向尺寸无法跟随横向尺寸成比例地缩小，因此随着 CMOS 集成电路的迅猛发展，双极型电路在功耗和集成度方面受到了 CMOS 技术的严重挑战。

近年来，为了进一步提高双极型集成电路性能，如提高电流增益及截止频率，其制造工艺也大量地采用 MOS 电路中的新工艺技术，发展出多种先进的双极型集成电路工艺技术，如先进隔离技术、多晶硅发射极工艺、自对准结构工艺和异质结双极型晶体管技术等。另外，铜互连系统也将应用于先进的双极型集成电路工艺中。

双极型集成电路的基本工艺流程示意图如图 11-4 所示。

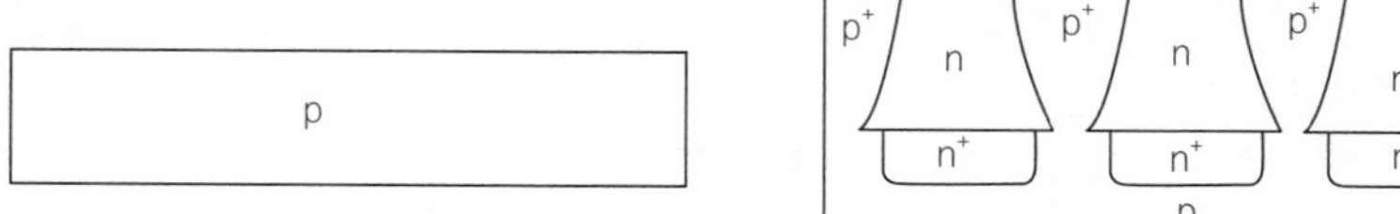

(a) 硅衬底

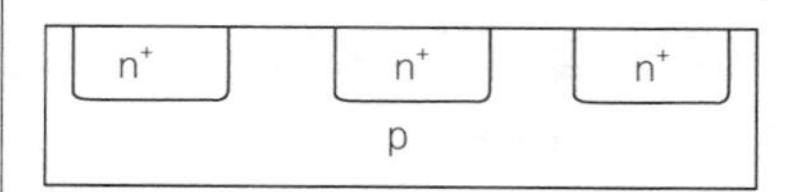

(b) 埋层扩散

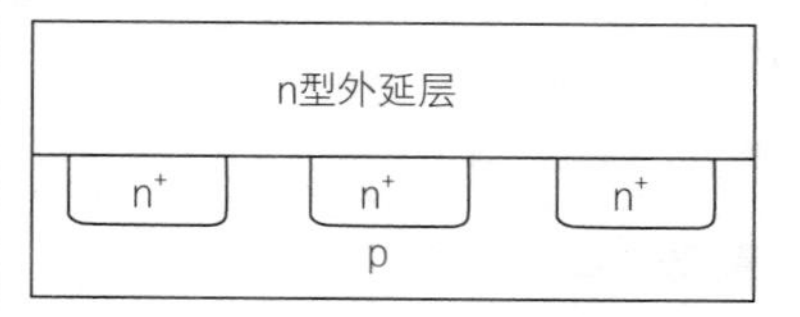

(c) 外延层形成

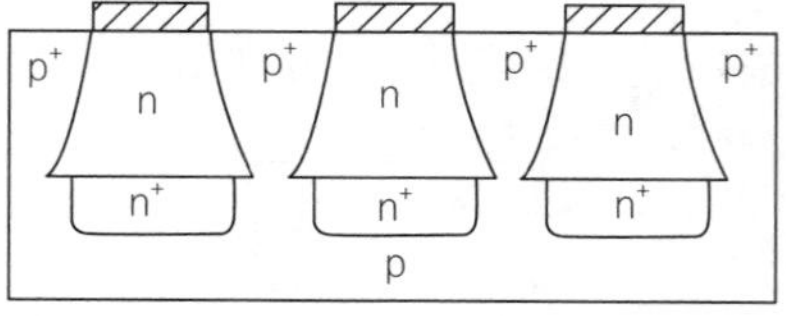

(d) 制作隔离区

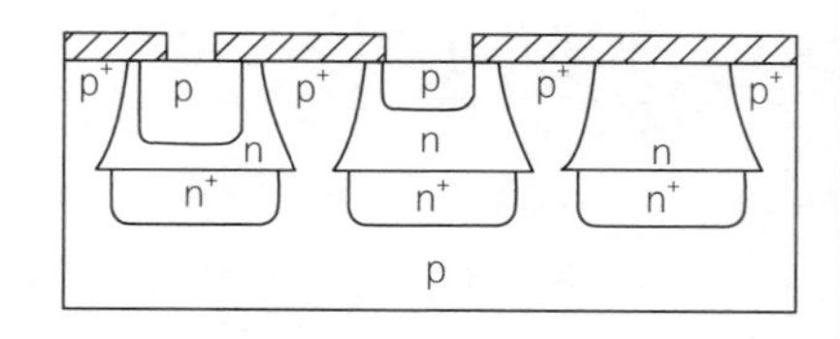

(e) 制作基区

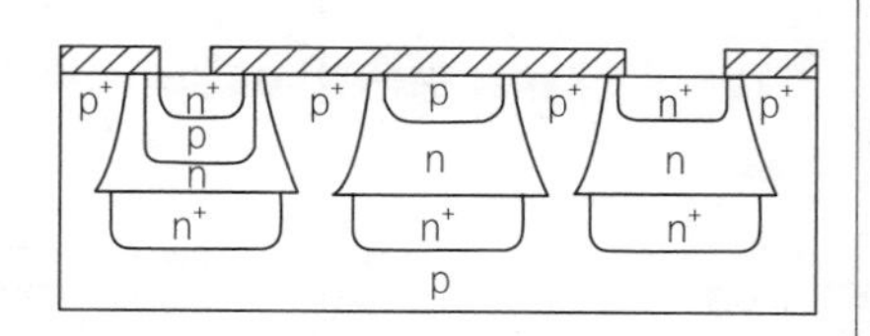

(f) 制作发射区

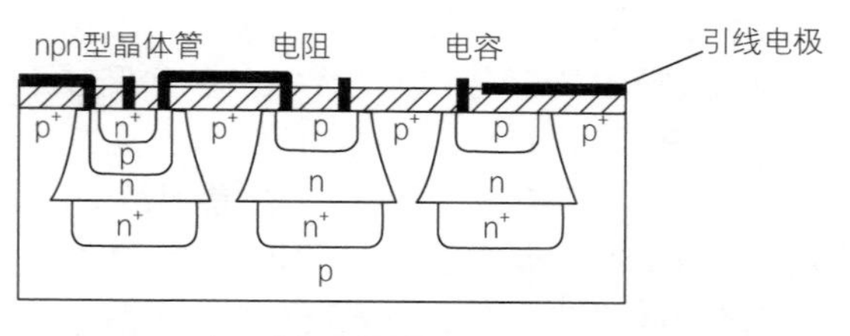

(g) 形成引线电极

图 11-4　双极型集成电路的基本工艺流程

对于完整的晶体管制备流程，则是各种工艺的多次结合，通过多次光刻、刻蚀、镀膜等工艺，实现器件的制备。完整的双极型晶体管制备工艺流程图如图 11-5 所示。

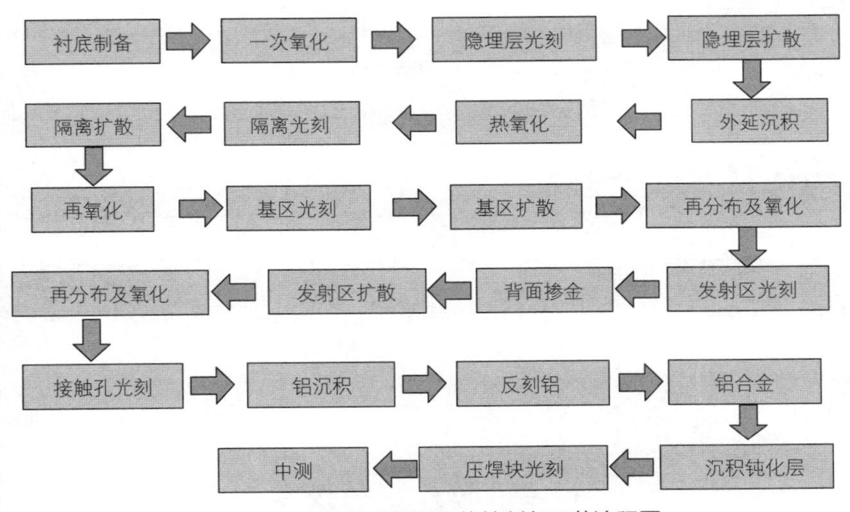

图 11-5 完整的双极型晶体管制备工艺流程图

11.3 CMOS 电路工艺流程

CMOS 工艺是当今各类集成电路制作技术的核心，由它可衍生出不同的工艺。标准的 CMOS 工艺主要应用于高性能、低功耗的数字集成电路。如“CMOS+ 浮栅”，标准 CMOS 工艺就转化为 MOS 可擦写存储器工艺。

CMOS（互补金属氧化物半导体）工艺技术是当代 VLSI 工艺的主流工艺技术，它是在 pMOS 与 nMOS 工艺基础上发展起来的。其特点是将 nMOS 器件与 pMOS 器件同时制作在同一硅衬底上，具有功耗低、速度快、抗干扰能力强、集成密度高、封装成本低等特点。完整的 CMOS 工艺流程图如图 11-6 所示。

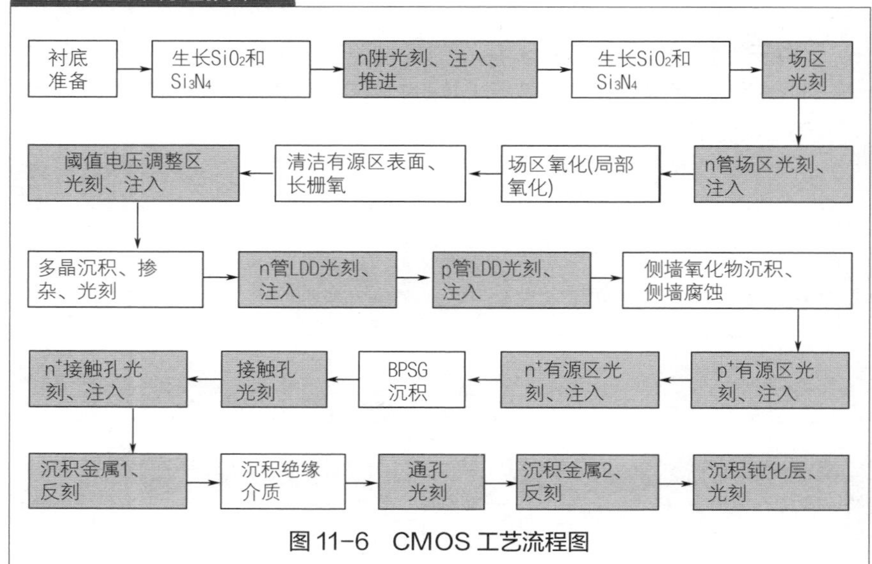

图 11-6　CMOS 工艺流程图

11.4　芯片封装技术

微电子芯片封装在满足器件的电、热、光、力学性能的基础上，主要应实现芯片与外电路的互连，并对器件和系统的小型化、高可靠性、高性价比也起到关键作用。

11.4.1　封装的作用和地位

一块芯片制造完成，就包含了所设计的一定功能，但要在电子系统中有效地发挥其功能，还必须对其进行适宜的封装。这是因为使用经封装的器件有诸多好处，如可对脆弱、敏感的芯片加以保护，易于进行测试，易于传送，易于返修，引脚便于实行标准化进而利于装配，还可改善器件的热失配等。微电子封装通常有 5 种作用，即电源分配、信号分配、散热通道、机械支撑和环境保护。

随着微电子技术的发展，芯片特征尺寸不断缩小（现已降到 0.25 ~ 0.08nm 或更小），在一块硅芯片上已能集成六七千万或更多个门电路（已超过 10 亿只晶体管），促使器件的功能更高、更强，再加上整机和系统的小型化、高性能、高密度、高可靠性要求，市场上的性价比竞争，以及器件品种和应用的不断扩展，这些都促使微电子封装的设计和制造技术不断向前发展，各类新的封装结构也层出不穷。封装形式的发展如图 11-7 所示。

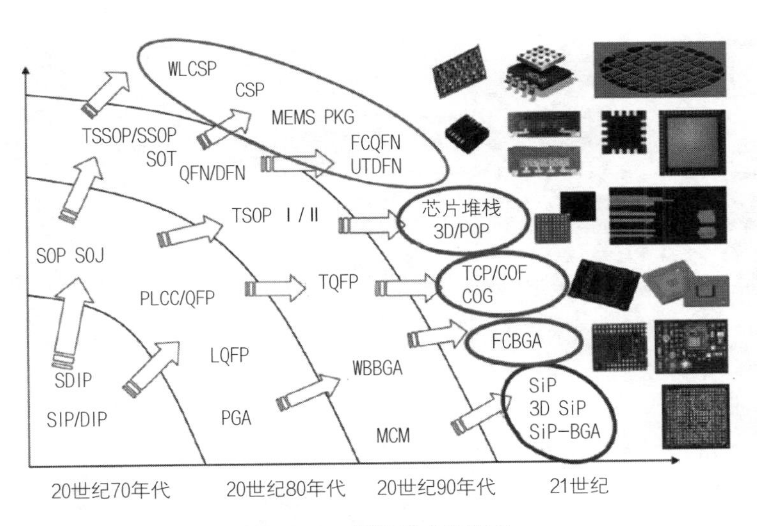

图 11-7 封装形式的发展

微电子封装不但直接影响着器件本身的电性能、热性能、光性能和力学性能，影响其可靠性和成本，还在很大程度上决定着电子整机系统的小型化、可靠性和成本。另外，随着越来越多的新型器件采用多 I/O 引脚数封装，封装成本在器件总成本中所占比重也越来越高，并有继续上升的趋势。

11.4.2 引线连接

芯片互连技术主要有引线键合（WB）、载带自动焊（TAB）和倒装焊（FCB）3 种。

引线键合工艺又可分为热压焊、超声焊和金丝球焊 3 种方式。通常所用的焊丝材料是经过退火的细 Au 丝和掺少量 Si 的 Al 丝。Au 丝适于在芯片的铝焊区和基板的 Au 布线上热压焊或热压超声焊，而 Al 丝则更适合在芯片的铝焊区和基板的 Al、Au 布线上超声焊，二者也适于焊接 Pd-Ag 布线。

引线键合工艺连接后的引线效果如图 11-8 所示。

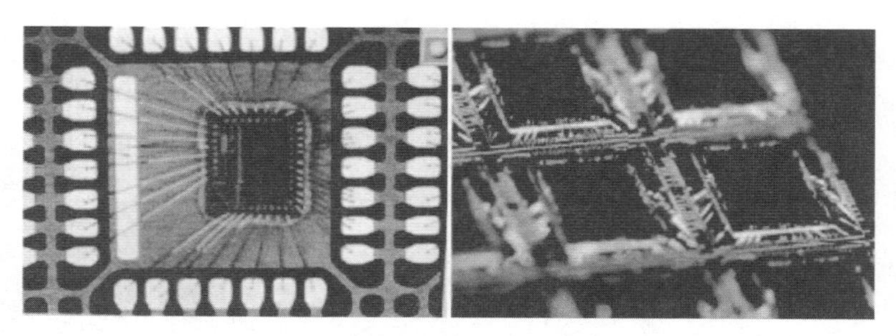

图 11-8　引线键合工艺连接后的引线效果

图 11-9 为金丝球焊完成引线连接的工艺流程图。

打火杆在劈刀前烧球

加压力和超声功率形成第一焊点

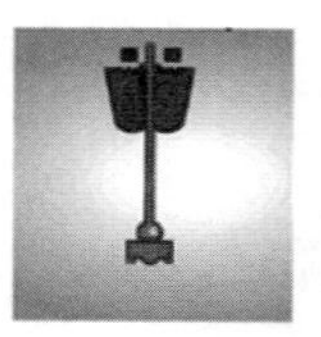

劈刀牵引金线上升

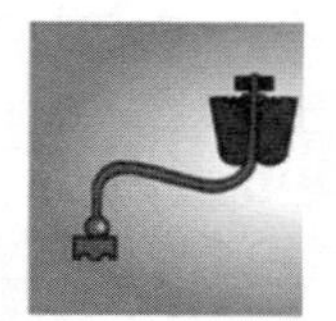

劈刀运动轨迹形成良好的线弧

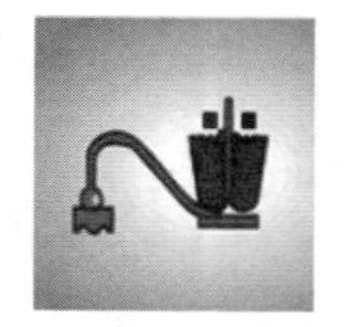

劈刀下降到引线框架形成焊接

劈刀侧向划开，将金线切断

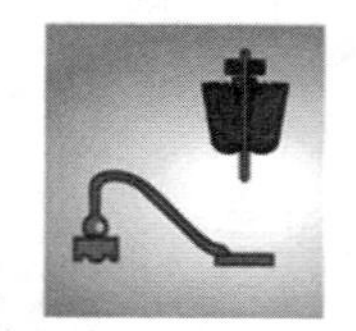

劈刀上提，完成一次完整的引线键合

图 11-9　金丝球焊完成引线连接的工艺流程图

11.4.3　几种典型封装技术

从硅片制作出各类芯片开始，微电子封装可以分为结构、材料和性能3个类别。如图11-10所示是微电子封装的形式。

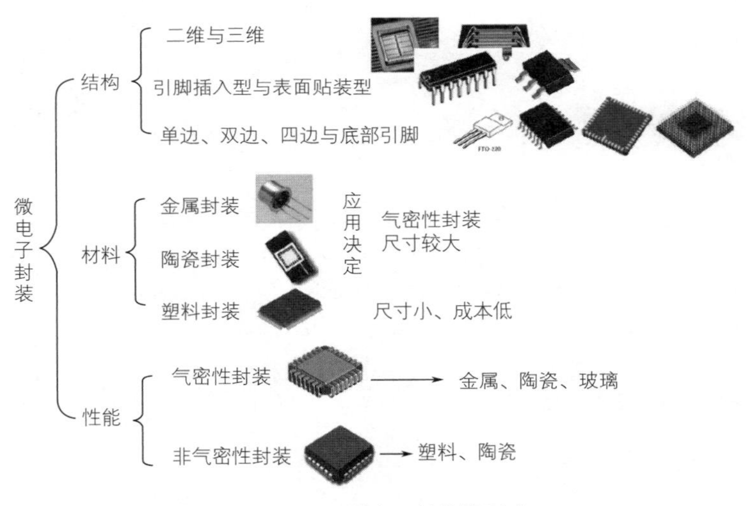

图11-10　微电子封装的形式

（1）DIP和PGA技术

DIP和PGA封装引脚是插装型的，分别封装MIS和LSI芯片。封装基板有单层和多层陶瓷基板。多层陶瓷基板在单层陶瓷基板的基础上，通过对各层生瓷印制厚膜金属化浆料（如Mo或W）进行布线，层间用冲孔并金属化完成互连，然后进行生瓷叠片、层压、烧结完成多层基板的制作。

典型的DIP和PGA的封装如图11-11所示。

（2）SOP和QFP技术

SOP和QFP是表面贴装型封装，是封装SSL、MSI和LSI芯片的重要封装技术。SOP全部为塑封，引脚为两边引出；而QFP有塑封（PQFP）和陶瓷封装（CQFP）之分，引脚均为四进引出，而以

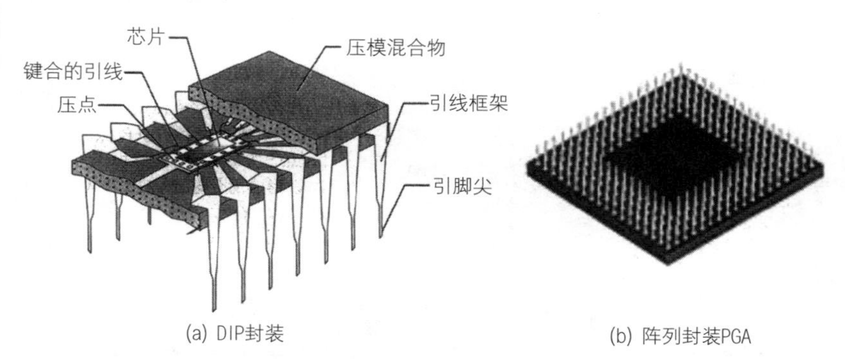

(a) DIP封装　　(b) 阵列封装PGA

图 11-11　典型的 DIP 和 PGA 的封装

PQFP 为主（约占 95%），CQFP 多用于军品或要求气密性封装的地方。CQFP 的多层陶瓷基板制作与 DIP 和 PGA 的多层陶瓷基板制作方法相同。以下仅对 SOP 和 PQFP 的制作进行简要介绍。

SOP 和 PQFP 所使用的“基板”和引脚在这里是引线框架，经芯片安装、WB、模塑完成 SOP 和 PQFP 的制作，典型 SOP 和 PQFP 的封装如图 11-12 所示。

图 11-12　典型的 SOP 和 PQFP 的封装形式

（3）BGA 技术

BGA 是在基板的下面按阵列方式引出球形引脚，在基板上面装配 LSI 芯片，是 LSI 芯片用的一种表面安装型封装。它的出现解决了 QFP 等周边引脚封装长期难以解决的多 I/O 引脚数 LSI、VLSI 芯片的封装问题。

典型的 BGA 封装形式如图 11–13 所示。

图 11–13　典型的 BGA 封装形式

（4）CSP 技术

CSP，即芯片尺寸封装。它是在 BGA 的基础上发展起来的，因其封装后尺寸与封装前的芯片尺寸相当而得名。将这类 LSI 和 VLSI 芯片封装面积小于或等于芯片面积的 120% 或芯片封装后每边增加的宽度小于 1.0mm 的产品称为 CSP。

目前市场上开发出的 CSP 有数十种，归结起来，大致可分为以下几类：①柔性基板；②刚性基板；③引线框架式；④微小模塑型；⑤圆片级；⑥叠层型。典型的 CSP 封装如内存封装如图 11–14 所示。

图 11–14　典型的 CSP 封装

（5）FC 技术

FC（Flip Chip）即倒装片，也是人们常说的凸点芯片。制作方法与 WLP 工艺完全相同，只是它的凸点还包括 Au 凸点、Cu 凸点、Ni-Au、Ni-Cu-Au、In 等；凸点间的节距比 CSP 的节距更小。

（6）FBP 技术

FBP（Flat Bump Package）技术，即平面凸点式封装技术。

FBP 的引脚凸出于塑胶底部，从而在 SMT 时，使焊料与集成电路的结合面由平面变为立体，因此在 PCB 的装配工艺中有效地减少了虚焊的可能性；同时目前 FBP 采用的是镀金工艺，在实现无铅化的同时不用提高键合温度就能实现可靠的焊接，从而减少了电路板组装厂的相关困扰，使电路板的可靠性更高。另外，FBP 还可以使用纯铜作为 L/F（引线框架）的材质，这有利于在射频领域的应用。

FBP 技术在某些军用芯片高可靠封装中也具有实用价值。

（7）MCM/MCP 技术

多芯片组件（Multi-Chip Module，MCM）是在混合集成电路（Hybrid Integrated Circuit，HIC）基础上发展起来的一种高技术电子产品，它是将多个 LSI、VLSI 芯片和其他元器件高密度组装在多层互连基板上，然后封装在同一壳体内，以形成高密度、高可靠性的专用电子产品，它是一种典型的高级混合集成组件。

（8）系统级封装技术——单级集成模块（SLIM）

与以往的各类封装相比，SLIM 的功能更强、性能更好、体积更小、重量更轻、可靠性更高，而成本会相对较低。

（9）圆片级封装（WLP）技术

圆片级封装（Wafer Level Package，WLP）是以 BGA 技术为基础，经过改进和提高的 CSP 技术。有人又将 WLP 称为圆片级 - 芯片尺寸封装（WLP-CSP）。圆片级封装技术以圆片为加工对象，在圆片上同时对众多芯片进行封装、老化、测试，最后切割成单个器件，可以直接贴装到基板或印刷电路板上。它可以使封装尺寸减小至 IC 芯片的尺寸，生产成本大幅度下降。

参考文献

[1] 王蔚，田丽，任明远. 集成电路制造技术：原理与工艺. 北京：电子工业出版社，2016.
[2] 郝跃，贾新章. 微电子概率. 2版. 北京：电子工业出版社，2011.
[3] 张渊. 半导体制造技术. 北京：机械工业出版社，2018.
[4] 刘玉岭，檀柏梅，张楷亮. 微电子技术工程材料、工艺与测试. 北京：电子工业出版社，2004.
[5] （美）Stephen A，Campbell. 微电子制造科学原理与工程技术. 曾莹，等译. 北京：电子工业出版社，2005.
[6] 张兴，黄如，刘晓彦. 微电子学概论. 北京：北京大学出版社，2014.
[7] 陶波，王琦. 化学气相沉积铜的进展. 真空科学与技术，2003，23（5）：340-346.
[8] 唐伟忠. 薄膜材料制备原理、技术及应用. 北京：冶金工业出版社，1998.
[9] （美）H·F·沃尔夫. 硅半导体工艺数据手册. 天津半导体器件厂，译. 北京：国防工业出版社，1975.
[10] 黄汉尧，李乃平. 半导体器件工艺原理. 上海：上海科学技术出版社，1985.
[11] 黄有志，王丽. 直拉单晶硅工艺技术. 北京：化学工业出版社，2009.
[12] （美）施敏，（美）梅凯瑞. 半导体制造工艺基础. 陈军宁，柯导明，孟坚，译. 合肥：安徽大学出版社，2007.
[13] 丁兆明，贺开矿. 半导体器件制造工艺. 北京：中国劳动出版社，1995.
[14] 关旭东. 硅集成电路工艺基础. 北京：北京大学出版社，2003.
[15] 张亚非. 半导体集成电路制造技术. 北京：高等教育出版社，2006.
[16] 金德宣，李宏扬. VLSI 工艺技术：超大规模集成电路工艺技术. 半导体技术编辑部，1985.
[17] （美）S·K·甘地. 超大规模集成电路工艺原理：硅和砷化镓. 北京：电子工业出版社，1986.
[18] 杨德仁，等. 半导体材料测试与分析. 北京：科学出版社，2010.
[19] 谢孟贤，刘国维. 半导体工艺原理. 北京：国防工业出版社，1980.
[20] 张厥宗. 硅片加工技术. 北京：化学工业出版社，2009.

[21] 北京市辐射中心，北京师范大学，等. 离子注入原理与技术. 北京：北京出版社，1982.

[22] 庄同曾. 集成电路制造技术：原理与实践. 北京：电子工业出版社，1987.

[23] 林明祥. 集成电路制造工艺. 北京：机械工业出版社，2005.

[24] （美）Chang Liu. 微机电系统基础. 北京：机械工业出版社，2007.

[25] Michael Quirk，Julian Serda. 半导体制造技术. 韩郑生，译. 北京：电子工业出版社，2009.

[26] 毕克允. 微电子技术：信息化武器装备的精灵. 北京：国防工业出版社，2008.

[27] 时万春，等. 现代集成电路测试技术. 北京：化学工业出版社，2005.

[28] 雷绍充，邵志标，梁峰. VLSI 测试方法学和可测性设计. 北京：电子工业出版社，2005.

[29] （美）Michael L. Bushnell，（美）Vishwani D. Agrawal. 超大规模集成电路测试数字存储器和混合信号系统. 蒋安平，冯建华，王新安，译. 北京：电子工业出版社，2005.

[30] 崔铮. 微纳米加工技术及其应用. 北京：高等教育出版社，2005.

[31] 刘明，等. 微细加工技术. 北京：化学工业出版社，2004.

[32] 汉斯－京特·瓦格曼，海因茨·艾施里希. 太阳能光伏技术. 叶开恒，译. 西安：西安交通大学出版社，2011.

[33] 王秀峰，伍媛婷. 微电子材料与器件制备技术. 北京：化学工业出版社，2008.

[34] （美）梅（May，G S），（美）施敏（Sze，S. M.）. 半导体制造基础. 代永平，译. 北京：人民邮电出版社，2007.

[35] 王阳元，关旭东，马俊如. 集成电路工艺基础. 北京：高等教育出版社，1991.

[36] （美）迈克尔·夸克，朱利安·瑟达. 半导体制造技术. 北京：电子工业出版社，2009.

[37] 肖国玲. 微电子制造工艺技术. 西安：西安电子科技大学出版社，2008.

[38] 成立，李春明，王振宇，等. 纳米 CMOS 器件中超浅结离子掺杂新技术. 半导体技术，2004，29（09）：30-34.

[39] 周良知. 微电子器件封装材料与封装技术. 北京：化学工业出版社，2006.

[40] 刘玉岭，李薇薇，周建伟. 微电子化学技术基础. 北京：化学工业

出版社，2005.
[41] 陈力俊. 微电子材料与制程. 上海：复旦大学出版社，2005.
[42] 沈文正，等. 实用集成电路工艺手册. 北京：宇航出版社，1989.
[43] 李惠军. 现代集成电路制造技术原理与实践. 北京: 电子工业出版社，2009.
[44] 中国电子学会生产技术学分会丛书编委会. 微电子封装技术. 北京: 中国科学技术大学出版社，2003.
[45] （美）Rao R. Tummala，等. 微电子封装手册. 北京：电子工业出版社，2001.
[46] Peter Van Zant. 芯片制造：半导体工艺制程实用教程. 赵树武，等译. 4 版. 北京：电子工业出版社，2004.
[47] 李薇薇，王胜利，刘玉岭. 微电子工艺基础. 北京: 化学工业出版社，2007.
[48] 李可为. 集成电路芯片封装技术. 北京：电子工业出版社，2007.
[49] 金玉丰，王志平，陈兢. 微系统封装技术概论. 北京：科学出版社，2006.